静心烘焙
幸福甜点

静心莲 著

青岛出版社
QINGDAO PUBLISHING HOUSE

图书在版编目（ＣＩＰ）数据

静心烘焙　幸福甜点 / 静心莲著 .-- 青岛 : 青岛出版社 , 2015.11

ISBN 978-7-5552-3170-7

Ⅰ . ①静… Ⅱ . ①静… Ⅲ . ①烘焙—糕点加工. Ⅳ . ① TS213.2

中国版本图书馆 CIP 数据核字 (2015) 第 255788 号

书　　　名	静心烘焙 幸福甜点
编　　著	静心莲
出 版 发 行	青岛出版社
社　　　址	青岛市海尔路182号（266061）
本 社 网 址	http://www.qdpub.com
邮 购 电 话	13335059110　0532-85814750（传真）　0532-68068026
责 任 编 辑	贺　林
封 面 设 计	张亚群
设 计 制 作	张　骏
制　　　版	青岛艺鑫制版印刷有限公司
印　　　刷	青岛海蓝印刷有限责任公司
出 版 日 期	2016年2月第1版　2016年6月第5次印刷
开　　　本	16开（710毫米×1010毫米）
印　　　张	16
书　　　号	ISBN 978-7-5552-3170-7
定　　　价	38.00元

编校质量、盗版监督服务电话　4006532017　0532-68068638

印刷厂服务电话　4006781235

建议陈列类别：生活类　美食类　烘焙甜品

前言

　　我只是一名普通公务员，工作繁忙枯燥，远没有大家想象得那么悠闲自在。压力太大的时候，下班回到家静下心来做甜点是最好的休憩和放松。不知不觉，爱上烘焙已经五年了。我没有参加过任何专业培训，起初只是单纯的喜欢，后来就越来越享受这其中摸索与发现的过程。每一种甜点，从了解它到动手去做，失败、总结、改进，一点点地进步，直到做到更好，是一种新鲜又刺激的体验。我从不害怕失败，因为从失败中得来的经验往往比书本上看来的理论更加深刻。

　　其实要感谢这本书的编写，虽然历时五个多月，白天要工作和照顾家人，只能每天忙碌到深夜。但是把五年来积累的点滴散碎经验，一点点系统地梳理并串联起来，感觉对自己也是一个提升和总结。我不希望这本书只是一个个配方的罗列，我需要通过我的甜点传达一种生活情趣，让看到它的你喜欢上烘焙，感受到美好。

　　在这里，我要感谢一直关注和喜欢我的朋友们，是你们的陪伴和信任让我做到更好；感谢家人的支持，帮助我分担家务，尤其是我的儿子刘果子，在拍摄制作过程的时候不厌其烦地帮我按快门。参与本书编写的还有刘庆、常超、胡真真、刘娟娟、梅雪艳、史俊平、白惠娟、史晶、唐静、忽亚琦、李垚、郭小涛、李艳平等朋友，在此一并感谢！

　　希望所有的读者都能在这本小书里找到自己的甜蜜和快乐！

Concent 目录

第一章 厉兵秣马做甜点 Preparation For Dessert

第二章 曲奇•酥饼 Cookie

第三章 戚风蛋糕 Chiffon Cake

第四章 海绵蛋糕 Sponge Cake

磅蛋糕
第五章 *Pound Cake*

麦芬蛋糕
第六章 *Muffin*

乳酪蛋糕
第七章 *Cheese Cake*

蛋糕卷
第八章 *Cake Roll*

泡芙·挞
第九章 *Puff & Tart*

慕斯·布丁
第十章 *Mousse & Pudding*

简单美味的小点心
第十一章 *Dessert Like Macaron, Madeline, Waffle, Whoopee Pie*

冰激凌·果酱及其他
第十二章 *Ice Cream & Fruit Jam*

厉兵秣马
做甜点
Preparation For Dessert

一 基础工具

1 烤箱的使用

  * 使用烤箱一定要养成提前预热的习惯，根据预设温度的高低，通常要提前 10 分钟左右，按高于目标温度 20℃以上进行预热（如配方中给出的烘焙温度为 180℃，则需提前 10 分钟将烤箱设置为 200℃，待入炉后调回 180℃）。这样做的原因在于打开烤箱门的瞬间，炉内温度会急剧下降，需要至少 5 分钟才能回升到目标温度。此外，中途要尽量减少打开烤箱门查看的次数。每开一次烤箱门就应该把设定时间延长 1~3 分钟。

  * 家用最好选择 25L 以上容量，能够上下独立控温的烤箱，容量太小的烤箱上下发热管距离食物太近，很容易造成表面焦煳但内部尚未成熟的情况。我常用的是 Hauswirt 海氏 HO-60SF 烤箱，60L 大容量，温场均衡，可确保食物上色均匀。

  * 因为家用烤箱容量较小，请将甜点置于烤箱正中进行烘烤，例如戚风等体积较大的蛋糕。如果烤箱为四层，那么要将戚风放置在第三层，这样蛋糕刚好位于烤箱的正中。如果烘烤曲奇等体积较小的甜点时，不要同时入炉两盘。

  * 请参考书中给出的烘烤温度和时间来操作，但是因每个烤箱的温度都会存在差异，在烤制时间进行至 2/3 时，一定要勤于观察，根据实际情况来判断是否增减时间。根据一段时间的摸索，掌握自己烤箱的温度偏差并及时调整。

  * 在烤制曲奇等数量较多的点心时，一定要确保同时入炉的个体大小均等，厚薄一致，烤制过程中根据上色程度观察烤箱各个部位受热高低，中途可以取出烤盘调转 180 度确保上色均匀。

  * 请多准备几只烤盘，如果底部上色过重，可以在下层加一只烤盘来隔离下火。如果表面上色满意，可以通过加盖锡纸来隔离上火。

2 厨师机

厨师机是一种多功能厨房家电，可用于和面、打发蛋白、奶油、黄油等，是做烘焙的绝佳助手，解放双手，效率高。相比手持电动打蛋器，它的功率更大，细密的搅拌网及独特的搅拌方式更有利于打发。除基础功能外，可选配更多配件（如绞肉灌肠、压面、切菜、榨汁等）协助你制作中西美食。我常用的厨师机为 Hauswirt 海氏 HM790。

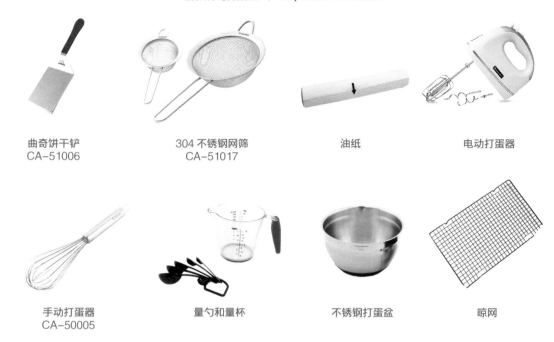

曲奇饼干铲
CA-51006

304 不锈钢网筛
CA-51017

油纸

电动打蛋器

手动打蛋器
CA-50005

量勺和量杯

不锈钢打蛋盆

晾网

3 曲奇饼干铲

可用来移动较小的蛋糕或饼干类糕点，也可切割小型蛋糕。

4 网筛

材质采用 304 医用级别不锈钢。用来筛粉类或液体，可根据需求选择不同粗细的网眼。

5 油纸

制作糕点时，铺垫在烤盘中，可以防止糕点与模具粘连，使蛋糕体表面更完整。

6 电动打蛋器

用于打发蛋白、全蛋、黄油及淡奶油。

7 手动打蛋器

用于普通的原料混合。选择金属丝软硬适中、弹性较好的。过软的金属丝在搅拌黄油、奶酪等阻力较大的原料时会力不从心。

8 量勺和量杯

根据配方酌情使用。需要注意的是，在量取原料时，盛满后要将表面刮平，以减小称量误差。

9 不锈钢打蛋盆

用于搅拌各种食材，打发蛋液、鲜奶油等的容器。建议选择不锈钢或玻璃材质的打蛋盆，圆弧型的盆体更有利于打发、搅拌。底部带有硅胶防滑的产品是不错的选择。

10 晾网

最好选用格子形状的晾网，这样在晾凉曲奇类小块的甜点时，不会从缝隙中掉落。

11 电子秤

原料用量的称量应尽可能准确。普通原料的误差在 1~2 克的可以忽略，但是如泡打粉之类用量极少的原料应确保误差不超过 0.5 克。

电子秤

硅胶搅拌铲
CA-51015

硅胶刮刀
CA-51016

烤箱温度计

裱花袋和裱花嘴

多功能切面板

防烫手套
CA-50008

硅胶垫

多功能双头翻糖滚
CA-50007

冰激凌勺
CA-51001

脱模刀
CA-51007

蛋糕抹刀
CA-51008

小蛋糕抹刀
5100T 5200T

食物夹
CA-51009

榉木擀面杖
CA-50003

食物温度计和红外
测温仪

12 | 硅胶搅拌铲

可用于熬煮酱类、糖浆类的搅拌，也可
在不粘锅、煎盘内使用。可代替勺子。

13 | 硅胶刮刀

用于搅拌面糊，也可用于熬煮酱类、糖
浆类的搅拌，其加长的形状特别适合刮
干净盆边的面糊。

14 烤箱温度计

可一直放置在烤箱中，随时检测烤箱实际温度。全金属制作，耐热性好。一般需要加热后 10~15 分钟才能反映烤箱中真实温度。

15 裱花袋和裱花嘴

裱花袋：需要准备普通塑料一次性裱花袋，用于奶油裱花、制作糖霜饼干或盛装较柔软的面糊入模等，硅胶或布质裱花袋则用于挤曲奇这样质地浓稠的面糊。

准备几只常用的花嘴，中号圆嘴、菊花嘴是必备的，用来制作手指饼干和曲奇。其他花嘴可根据裱花的需要进行购买。尖部细长的泡芙专用花嘴方便从底部将馅料打入泡芙中。

16 多功能切面板

是制作面包、饼干等面点的基本工具之一，可以用来切割面团、铲起面粉等，当然也可以用来抹平蛋糕糊的表面。

17 防烫手套

全棉结实，耐用。部分手套前部覆硅胶防滑处理，能够更稳定地把握住烤盘。建议选择长度较长的手套，在烤箱中拿取烤盘时，可以更好地保护手臂部分。

18 硅胶垫

可铺在平整的桌面上做揉面垫使用，可铺在烤盘中防粘，可反复使用，易于清洗。具有较好的防粘效果。

19 多功能双头翻糖滚

多功能滚轮，天然榉木，无漆无蜡更环保。一头为翻糖滚轮使用，另一头为派和披萨滚压之用。

20 冰激凌勺

可以用来制作冰激凌球，挖出冰激凌放到需要的糕点或盘中做装饰之用。也可以舀起液体等当普通的勺来使用。

21 脱模刀

用于奶油或巧克力、果酱等蛋糕表面的抹平修整，也为进一步制作装饰蛋糕做好准备。较窄的刀面可以提供更加精准的修整效果。也可用来给蛋糕脱模。

22 蛋糕抹刀

用于奶油或巧克力、果酱等蛋糕表面的抹平修整，也为进一步制作装饰蛋糕做好准备。给糕点呈现出美观精致的外观效果。

23 蛋糕小抹刀

用于较小尺寸蛋糕的表面抹平修整，如杯子蛋糕等。

24 食物夹

可轻易夹取正在加热中的食物而避免手部烫伤，较长的手柄带硅胶能够起到很好的隔热效果。在烤肉、烤蔬菜时都会用到。

25 榉木擀面杖

主要用来擀平面皮等。有的擀面杖带刻度，便于制作面点的过程中掌握好需要的尺寸。

26 食物温度计和红外测温仪

探针式食物温度计用于测量食物内部温度，在熬制糖浆时非常必要。红外测温仪可以在不接触食物的前提下进行测温，用于不需要非常精准的情况，如隔水打发全蛋时用于测量水温。

二 基础模具

17 寸 /45cm 托盘
CA-44502

13 寸 /34cm 托盘
CA-44202

12 连杯子蛋糕模
CA-44702

8 寸正方模
CA-43702

13 寸 /35cm 长方烤盘
CA-44102

6 寸活底圆模
CA-43801

磅蛋糕模

挞模

中空戚风模

基础原料

黄油

可可粉

吉利丁片

玉米粉
（本书所使用玉米粉
均为玉米淀粉）

细砂糖

巧克力

奶油奶酪

糖粉

抹茶粉

杏仁粉

香草豆荚和香
草精

· · ·

第二章

曲奇·酥饼

Cookie

曲奇是最适合烘焙新手们入门学习的类型，因为其制作简单不易失败，几乎第一次制作就能够轻松完成。但是真正要做到完美的口感，还是需要更多的练习和用心感受。

1 如何快速软化黄油?

曲奇的配方中均会使用大量油脂类原料,而黄油是使用最广泛的。除此之外,也有使用猪油和植物油的配方。黄油在原料中的比例及打发程度,决定了成品的口感。黄油充分打发的前提是软化,软化不到位或软化过度都会影响后续的打发。黄油自身温度20~22℃是最适宜打发的状态,此时用手指按压黄油,可以留下清晰指印。如果室内温度在23℃度左右,那么冷藏的黄油取出,自然回温后的状态就刚刚好。夏天温度过高时,可将软化过度的黄油隔冷水降温。冬天室温过低时,可以用微波炉加热的办法来软化黄油,每隔3秒钟要取出,用刮刀切一下,观察软化的程度,切不可加热过久使其融化。

* 需要注意的是,使用微波炉软化黄油前,最好将其切成大小均等的块状或薄厚一致的片状,并排放整齐,这样才能确保黄油的温度保持均匀。

2 黄油要打发到什么程度?

打发黄油可使用电动或手动打蛋器,将软化的黄油和糖粉粗略混合均匀,开始搅拌,保持黄油温度在20℃左右。温度过低打发效果不好,温度过高则会使成品失去弹性。用打蛋器全面充分地搅拌黄油,特别需要注意,将盆壁上不易搅拌到的黄油用刮刀刮到搅拌盆中间,直至将黄油打发到蓬松发白、富含空气的状态。

* 并不是所有的配方都要求将黄油打发,不同的打发程度会带来不同的口感,请严格按照配方的要求来操作。

3 打发黄油时为何会出现"豆腐渣"的状态?

很多曲奇的配方中,除黄油、糖、面粉之外都会有液体材料,如鸡蛋、牛奶、淡奶油、水等,这一步往往也是容易出错的。黄油对温度极敏感,在打发的黄油中加入液体材料时,如果忽略了这一点,就容易造成油水分离。简单讲就是,黄油和液体不能充分融合乳化而形成类似"豆腐渣"状。因此需要注意这一步,一定要加入常温液体而不是冷藏的低温液体,少量多次加入,每次都搅拌至完全吸收再加入下一次的量,才能确保不会油水分离。如果已经造成了油水分离,那么隔温水(温度不要太高)搅拌或将配方中的少量面粉先行加入搅拌,或许可以挽救。

4 为什么配方中会使用不同种类的面粉？为什么面粉要过筛？

低粉搭配玉米粉、低粉、中筋粉甚至是高筋面粉，这些都是制作曲奇（酥饼）时可以使用的面粉。筋度越低的面粉口感越酥松，反之越酥脆。通过调整不同种类面粉或互相之间按一定比例混合使用，来取得完全不同的口感。不管是单独使用一种，还是使用多种面粉，都应提前过筛，使面粉松散没有结块，这样可节省搅拌时间，更加容易混合，成品也会更加膨松可口。

5 曲奇花纹为什么在入炉后消失？

挤好的曲奇纹路清淅，但是入炉后就完全消失了，怎么回事？这通常是因为使用了太多细砂糖，或因黄油打发过度导致面糊延展性太强所致。制作曲奇最好使用糖粉或少量细砂糖和糖粉混合使用。另外黄油的打发程度要合理控制，切忌打发过度。

6 严格按配方中的温度和时间，为何烤出的曲奇或不熟或烤焦？

因为烤箱都会存在一定的温差，且体积越小的烤箱炉内热力分布越为集中，所以建议在烘烤的过程中要注意监控炉内的情况，中途可取出烤盘调转方向以使各个位置的曲奇上色均匀。在达到配方建议时间的 2/3 时就要查看是否可以出炉或增减烤制时间。如果底部上色过重的话，应该适当调低下火或中途在下层加一只烤盘隔离下火。

7 如何保存曲奇？

烤好的曲奇晾凉片刻后，再用 120℃的低温回炉烘烤 3 分钟，再次晾至微温时就放入密封盒保存。这个方式采用密封式热力燃烧空气，类似于物理学抽真空的处理方法，可以保存曲奇一个月左右。如果曲奇久置或遇潮变得不再酥脆，就应该以 150℃回炉 3~5 分钟。

配方中使用的面粉可直接调整为全部使用
低筋面粉来制作。

用料（Ingredients）

黄油……100 克
糖粉……65 克
全蛋……32 克
香草精……少许
中筋粉……128 克
玉米粉……23 克

烘焙（Baking）

180℃，上下火，中层，20 分钟

准备（Preparation）

· 黄油软化。
· 全蛋液加少许香草精打散。
· 中筋粉和玉米粉混合过筛。

小花曲奇

制作步骤（Steps）

① 黄油软化后用刮刀拌匀，加入糖粉略微混合，以免搅拌时被打蛋器扬起（图1~2）。

② 用打蛋器打发至膨松发白的羽毛状（图3）。

③ 分3~4次加入打散的全蛋液和香草精混合物，每次都要搅拌至完全吸收，再加入下一次的量（图4~5）。

④ 将中筋粉和玉米粉筛入打发的黄油中，用刮刀混合均匀（图6~7）。

⑤ 完成的面糊装入套好裱花嘴的裱花袋中，均匀地挤在烤盘上，每只曲奇之间要留有间距，以免入炉后膨胀，入预热好的烤箱烘烤至表面金黄（图8~9）。

⑥ 出炉后立即用铲子将曲奇铲起，置于晾网上，晾凉密封保存（图10）。

奶酥曲奇

（直径 3 厘米左右，酥饼，42 块）

用料（Ingredients）

黄油……65 克
盐……少许
糖粉……40 克
淡奶油……45 克
低粉……100 克

烘焙（Baking）

170℃，上下火，中层，20 分钟

准备（Preparation）

· 黄油软化。
· 淡奶油恢复室温。

制作步骤（Steps）

① 黄油软化后加入少许盐（图 1）。

② 分 3 次加入糖粉，打发至颜色发白，体积膨松（图 2）。

③ 在打发的黄油中加入淡奶油，搅拌至完全吸收（图 3）。

④ 筛入低粉（图 4）。

⑤ 用刮刀将低粉混合均匀（图 5）。

⑥ 将面糊装入裱花袋，在烤盘上挤出大小一致的曲奇，注意花嘴与烤盘要垂直并距离 1 厘米左右，右手握紧裱花袋的收口处，左手施力均匀挤出面糊，入预热的烤箱烘烤（图 6）。

用料（Ingredients）

黄油……70 克
糖粉……50 克
盐……3 克
色拉油……50 克
清水……50 克
香葱碎……30 克
低粉……200 克

烘焙（Baking）

180℃，上下火，中层，15~20 分钟

准备（Preparation）

·黄油软化。
·香葱洗净沥水，只取绿色部分切碎。

香葱曲奇

制作步骤（Steps）

① 黄油软化后，加入糖粉和盐，用刮刀略微拌匀（图1）。

② 将黄油打发至颜色发白，体积膨松（图2）。

③ 在打发的黄油中，加入色拉油继续打发至完全吸收（图3）。

④ 加入清水打发至顺滑（图4~5）。

⑤ 加入香葱碎，用刮刀拌匀（图6~7）。

⑥ 筛入低粉，用刮刀拌匀至无干粉颗粒（图8~9）。

⑦ 将面糊装入裱花袋，在烤盘上挤出大小一致的曲奇。注意花嘴与烤盘要垂直并距离1厘米左右，右手握紧裱花袋的收口处，左手施力均匀挤出面糊，入预热的烤箱烘烤（图10）。

抹茶夹心曲奇 （3厘米 ×4厘米，长方形夹心曲奇，30只）

用料（Ingredients）

A
| 黄油……30 克 |
| 糖粉……25 克 |
| 牛奶……8 克 |

夹心
| 黄油……30 克 |
| 糖粉……10 克 |
| 抹茶……适量 |

B
| 低粉……35 克 |
| 玉米粉……8 克 |
| 杏仁粉……15 克 |

烘焙（Baking）

160℃，上下火，中层，12~15 分钟

准备（Preparation）

· 黄油软化。

· B 料粉类混合过筛。

制作步骤（Steps）

① 将软化的黄油分 3 次加入糖粉打发（图 1~2）。

② 在打发的黄油中加入牛奶并搅拌至吸收（图 3~4）。

③ 将 B 的粉类材料混合筛入黄油中，用刮刀拌匀（图 5~6）。

④ 将面糊装入裱花袋，这里使用的是排花嘴，将花嘴与烤盘呈 45 度角倾斜，并排挤出两条长度相同的面糊为一片曲奇，全部挤好后入预热好的烤箱烘烤（图 7）。

制作夹心步骤（Steps）

① 将软化的黄油与糖粉混合搅拌均匀后，根据喜欢的颜色筛入抹茶（图 1）。

② 搅拌至抹茶与黄油充分融合即可使用（图 2）。

③ 用排花嘴将夹心挤在一只曲奇上，夹上另一片即可（图 3~4）。

小贴士

* 完成夹心的曲奇冷藏后更好吃。

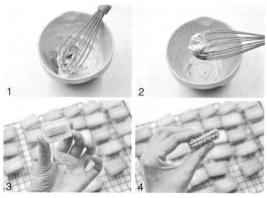

巧克力沙布列 （直径 4.5 厘米，圆饼，36 只）

用料（Ingredients）

黄油……100 克
糖粉……52 克
盐……少许
蛋白……26 克
低粉……104 克
可可粉……8 克

烘焙（Baking）

200℃，上下火，中层，4 分钟转 180℃ 6 分钟

制作步骤（Steps）

① 软化黄油加少许盐和全部糖粉，打发至膨松发白（图 1）。

② 分次加入蛋白搅拌至完全吸收（图 2）。

③ 筛入可可粉和低粉（图 3）。

④ 混合均匀的面糊（图 4）。

⑤ 用直径 0.5 厘米的小号圆型花嘴挤出直径 4.5 厘米的螺旋形圆饼，入预热好的烤箱烘烤（图 5）。

⑥ 制作夹馅。淡奶油和细砂糖混合煮沸后，倒入切碎的黑巧克力中搅拌至融化（图 6）。

⑦ 当黑巧克力搅拌至浓稠顺滑，加入黄油搅拌至吸收（图 7）。

⑧ 完成的夹馅很稀不能立即使用，室温静置至略凝固一些时，用小号圆嘴挤在一片饼干底部，注意不要挤得和饼干一样大小，两片夹起时会略扩展一些（图 8）。

夹馅原料（Ingredients）

不低于 60% 的黑巧克力……63 克
细砂糖……1/2 小匙
淡奶油……50 克
黄油……10 克

准备（Preparation）

· 黄油软化。
· 低粉可可粉混合过筛。
· 夹馅原料中的黑巧克力切碎。

可可雪球

（直径 2.5 厘米，雪球，51 只）

用料（Ingredients）

黄油……92 克
糖粉……40 克
盐……少许
低粉……108 克
可可粉……10 克
腰果……60 克
装饰用糖粉……适量

烘焙（Baking）

200℃，上下火，中层，4 分钟转 170℃ 6 分钟

准备（Preparation）

· 腰果以 150℃烤 12 分钟左右，至表面金
  黄有香气，取出晾凉，切小块。
· 黄油软化。
· 低粉可可粉混合过筛。

制作步骤（Steps）

① 软化黄油加少许盐和全部糖粉，打
   发至膨松发白（图 1）。

② 一次性加入低粉和可可粉混合物，
   混合均匀（图 2）。

③ 加入烤香的腰果碎混合均匀（图 3）。

④ 将面团装入保鲜袋，冷藏松驰 30 分
   钟以上（图 4）。

⑤ 取出冷藏的面团，切分成 6 克 / 只，
   揉成圆球排列在烤盘上，入预热好
   的烤箱烘烤（图 5）。

⑥ 出炉后将雪球置于晾网上，趁热撒
   大量糖粉裹满，晾至凉透即可（图 6）。

* 不同于花式曲奇的打发程度，黄油略微打发即可，以免膨胀过度。
* 使用袋泡红茶的茶叶，如果不够细，记得要研磨一下。
* 饼干切片一定要均匀，厚度不一致会导致成熟时间不统一，上色不均匀。

红茶酥饼

（直径 3 厘米左右，酥饼，42 块）

用料（Ingredients）

黄油……100 克
糖粉……43 克
鸡蛋……11 克
低粉……143 克
红茶……5 克
装饰用细砂糖……适量

制作步骤（Steps）

① 黄油软化后加入糖粉，用刮刀略拌匀（图 1）。

② 用手动打蛋器将黄油搅拌至颜色发白，质地顺滑（图 2）。

③ 分两次加入打散的蛋液，每次都要搅拌至完全吸收（图 3）。

④ 将低粉和红茶的混合物筛入黄油中（图 4）。

⑤ 用刮刀混合均匀，没有干粉即可，不要过度搅拌，将完成的面团冷藏 30 分钟左右（图 5）。

⑥ 取出冷藏的面团分成两份，在不粘的烤盘上撒少许高粉防粘，将面团搓成长条（图 6）。

⑦ 将整形好的面团包好保鲜膜，冷冻 3 小时以上待其变硬（图 7）。

⑧ 操作台撒细砂糖，将冷冻好的面团取出滚动，使其沾满糖粒（图 8）。

⑨ 用利刀切成约 0.8 厘米厚的片（图 9）。

⑩ 切好的饼干坯排列在烤盘上，注意留有一定间距，以免膨胀后粘连，入预热好的烤箱烘烤（图 10）。

烘焙（Baking）

170℃，上下火，中层，20 分钟

准备（Preparation）

· 低粉和红茶混合过筛。
· 黄油软化。
· 鸡蛋恢复室温并打散。

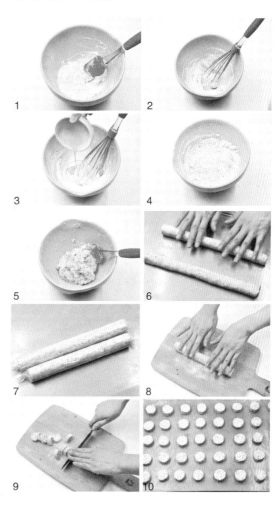

酥脆的小饼，每一口都有抹茶留下的微苦香味。

抹茶酥饼

用料（Ingredients）

A
黄油……50 克
盐……少许
糖粉……30 克
全蛋液……2 小勺

B
抹茶粉……3 克
低粉……65 克
杏仁粉……25 克

烘焙（Baking）

170℃，上下火，中层，13~15 分钟

准备（Preparation）

· 黄油软化。
· B 料中抹茶粉先过筛一次，再混合低粉、
杏仁粉混合过筛。

制作步骤（Steps）

① 软化的黄油加入糖粉和少许盐搅拌顺
滑（图 1）。

② 加入 2 小勺打散的蛋液搅拌至吸收
（图 2）。

③ 加入过筛的 B 料（图 3）。

④ 搅拌至无干粉颗粒，冷藏 15 分钟（图 4）。

⑤ 撒少许高粉，将面团搓成圆形的棒状，
包裹保鲜膜冷冻 3 小时以上（图 5）。

⑥ 取出冻硬的面团室温静置 5 分钟，用
刀切成 0.5 厘米厚，排入烤盘，入预
热好的烤箱烘烤（图 6）。

 小贴士

* 黄油搅拌至顺滑即可，不要打发太过，否则烘烤时太过膨胀会影响形状。

虽然看起来笨笨的丑丑的，但是试一次你就会爱上它。黄油的比例不大，却加入了大量花生酱，非常酥脆且有花生酱浓郁的香味。躲在小饼里的花生颗粒非常让人惊喜，让你根本停不下来。

花生酱小饼

（直径 3.5 厘米左右，小饼，40 块左右）

用料（Ingredients）

黄油……100 克

糖粉……80 克

盐……3 克

鸡蛋……1 只

颗粒花生酱……100 克

低粉……190 克

烘焙（Baking）

180℃，上下火，中层，15~20 分钟

准备（Preparation）

· 黄油软化。

· 低粉过筛。

· 鸡蛋恢复室温并打散。

制作步骤（Steps）

① 黄油软化，加入盐和糖粉，用刮刀略拌后打发（图 1）。

② 分 3~4 次加全蛋液，搅拌至吸收（图 2）。

③ 一次性加入全部花生酱搅拌均匀（图 3~4）。

④ 筛入低粉用刮刀拌匀（图 5~6）。

⑤ 将面团分成大小一致的圆球，用叉子蘸水横向纵向各压一次形成十字花纹，入预热的烤箱烘烤（图 7）。

 小贴士

* 最后整形时，可以用勺子直接挖取面糊，摊在油布上，不用介意它的形状，会烤出比较随意的小饼。也可以用手揉圆，形成可爱的圆饼。不管怎样整形，都一定要确保大小一致。

* 在烘烤至上色满意后，可以关闭电源，利用余温再烘烤一会儿。凉透后如果还不够酥松，可入 150℃的烤箱烘烤 5 分钟左右。

蔓越莓夹心饼干

这是一款不含黄油的小酥饼，配方中的蔓越莓可以替换为葡萄干、蓝莓干等，酥松适口的饼干搭配酸甜夹心非常美味。

用料（Ingredients）

A
低粉……100 克
泡打粉……1.5 克
肉桂粉……少许
细砂糖……20 克
盐……少许

B
色拉油……30 克
鸡蛋……1 只

C
蔓越莓……80 克
水……50 克

烘焙（Baking）

160℃，上下火，中层，30 分钟

制作步骤（Steps）

① C 料中的蔓越莓洗净，加水煮至水分蒸发，冷却后用厨房纸巾吸干表面水分（图 1~3）。

② A 料所有原料用类似淘米的手法拌匀（图 4~5）。

③ 加入 B 料的色拉油，双手搓成散碎的颗粒（图 6~8）。

④ 加入 1/2 打散的蛋液，用刮刀拌匀（图 9~10）。

⑤ 将成型的面团置于油纸上，用擀面杖擀成长方形（图 11）。

⑥ 把蔓越莓均匀平铺在长方形的下半部分（图 12）。

⑦ 将上半部分面皮向下对折、包覆蔓越莓，用手掌轻轻压实（图 13）。

⑧ 再次用擀面杖擀成正方形，表面刷剩余的蛋液，入预热好的烤箱烘烤（图 14）。

⑨ 出炉后趁热切成 16 块（图 15）。

非常非常好吃的一款低油低糖饼干，整颗的蓝莓夹心酸酸甜甜。

蓝莓油酥夹心饼干

用料（Ingredients）

A	低粉……150 克 杏仁粉……50 克 黄蔗糖……20 克 肉桂粉……少许 盐……少许
B	植物油……50 克 枫糖浆……30 克
C	冷冻蓝莓……100 克

烘焙（Baking）

170℃，上下火，中层，50 分钟

制作步骤（Steps）

① A 料的所有粉类材料用手以淘米的方式混合均匀（图 1）。

② 加入植物油，双手搓成粗粒（图 2~3）。

③ 加入枫糖浆，用刮刀拌成均匀的细碎颗粒（图 4~5）。

④ 取一半酥粒平铺在模具底部，用手压实（图 6）。

⑤ 将冷冻蓝莓平铺一层（图 7）。

⑥ 将另一半酥粒平铺在上层，用手轻轻压实，入预热烤箱烘烤，成熟后取出，趁热切块晾凉（图 8）。

用料（Ingredients）

A
低粉……50 克
椰蓉……50 克
细砂糖……20 克
泡打粉……2.5 克
盐……少许

B
色拉油……30 克
水……23 克

C
巧克力豆 20 克

烘焙（Baking）

160℃，上下火，中层，25 分钟

椰蓉巧克力豆饼干

制作步骤（Steps）

① A 料所有原料以淘米的手法混合均匀（图1）。

② 加入 B 料的色拉油，用双手搓成细碎的颗粒（图2~3）。

③ 加入水，用刮刀混合均匀（图4）。

④ 加入 C 料的巧克力豆混合均匀（图5）。

⑤ 用大号量勺挖取饼干面糊，用手指轻轻压实后，从一侧推出，放置在烤盘上，入预热好的烤箱烘烤。因为饼干比较厚，待烤至表面金黄色后关闭电源留在炉中，用余温将饼干烘透（图6~9）。

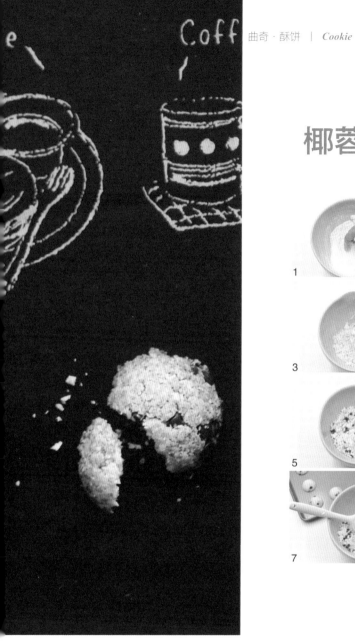

西班牙小甜饼

它的味道远没有名字听起来那么萝莉，却像极了一位热辣的女郎。猪油、肉桂、柠檬皮、朗姆酒香味交织，炒熟的杏仁粉和面粉使小甜饼入口即化。

（直径 3 厘米小甜饼，35 块左右）

用料（Ingredients）

猪油……70 克
糖粉……50 克
1 只柠檬的皮屑
肉桂粉……适量
朗姆酒……30 克
低粉……100 克
（准备 130 克）
杏仁粉……30 克

烘焙（Baking）

140 ℃，上下火，
中层，20 分钟

制作步骤（Steps）

① 将低粉筛入锅里，以中火翻炒至金黄色。同法将杏仁粉炒至金黄色。猪油加细砂糖搅拌顺滑。

② 取 1 只柠檬的皮屑擦入猪油中。

③ 加入肉桂粉和朗姆酒，将猪油搅拌顺滑。

④ 将晾凉的粉类称量后再次过筛入猪油中。

⑤ 用刮刀拌成团。

⑥ 面团擀成 0.8 厘米左右的厚片，用直径 3 厘米左右的圆形模具切出小饼，剩余面团再重新擀开。

⑦ 摆入烤盘，留一定间距，入预热的烤箱烘烤。

第三章

戚风蛋糕

— Chiffon Cake —

　　仅使用家中现有的鸡蛋、面粉、牛奶、砂糖和油，就能制作出松软湿润轻柔如云朵的戚风蛋糕了。建议先熟练掌握原味戚风的制作诀窍，再尝试其他风味。

1 如何选择戚风模具？

因为戚风面糊要依靠附着在模具上爬升膨胀，所以模具的选择很重要。内壁带有不粘涂层的模具不适合用来制作戚风。推荐使用导热效果好且内壁附着力强的中空铝制模具。中空设计的戚风模因为增大了面糊的附着面积，在制作戚风时效果会较普通圆模更好。

2 面粉一定要过筛吗？

制作戚风蛋糕最好能将面粉过筛两次。第一次将面粉从较高的位置分散地筛在一张油纸上，这一步的作用是将有细小结块的面粉变得松散、质地均匀；第二次是将过筛后的面粉重新用粉筛筛入蛋黄糊中，这一步的作用是使面粉更好地与蛋黄糊混合均匀。

3 蛋黄糊制作的要点

蛋黄糊制作中只需注意两点：一是乳化，原料中的水分和油脂要充分乳化，最好将水分加温至人体温度后混入，搅拌至不见油星分布的状态；二是混合面粉不要过度，筛入低粉后搅拌至均匀顺滑即可，不必过度搅拌以免面粉起筋。

4 如何判断戚风成熟？

除了依原方确定的温度和时间外，因烤箱存在的温差，要在中途上色后加盖锡纸防止表面上色过重，接近烤制结束时就要测试是否成熟，用牙签插入戚风内部，拔出的牙签上如果带有湿润的面糊就视为不成熟，如牙签是干燥的说明已经烤制成熟，可以出炉。

5 制作戚风蛋糕可以使用什么种类的油脂？

通常使用味道较清淡的玉米油、色拉油。花生油等气味较浓重的油脂会影响蛋糕的清爽口味，不建议使用。

小贴士

* 打发蛋白必须使用无油无水的干净容器。蛋白中不能混入蛋黄，如果分离蛋白时不小心混入蛋黄，可以用蛋壳的尖角将蛋黄挑出。

* 蛋白在略高的温度下可以快速打发，但是依此打发的蛋白霜不够稳定，因此我们会通过使用冷藏的鸡蛋，或者分离出蛋白后，先冷冻至周围结有薄冰时打发的办法，延长打发时间，以得到更为稳定的蛋白霜。

* 在打发蛋白的同时加入少许柠檬汁或白醋，可以中和蛋白的碱性，同时使蛋白霜更加稳定。蛋白全程均以高速打发，在接近所需状态时，可以调整为中低速，这样打发到位的蛋白霜会更为细腻，没有过多大的气泡。完成的蛋白霜要及时使用，否则会松弛、失去光泽，从而消泡、塌陷。

原味戚风

（17 厘米中空戚风）

用料（Ingredients）

蛋黄……4 只
细砂糖……30 克
牛奶……60 克
玉米油……54 克
低粉……64 克
玉米粉……16 克

蛋白……4 只
细砂糖……60 克

烘焙（Baking）

180℃，上下火，中下层，35~40 分钟

准备（Preparation）

· 蛋黄蛋白分离，置于无油无水的盆中，
  蛋白冷冻至边缘有薄冰，备用。

· 烤箱预热 200℃。

制作步骤（Steps）

① 蛋黄中加入细砂糖，搅拌至砂糖融
  化（图 1~3）。

② 加入玉米油搅拌均匀（图 4）。

③ 加入牛奶搅拌均匀（图 5）。

④ 将低粉和玉米粉混合筛入并搅拌均
  匀（图 6~7）。

⑤ 取出冷冻至边缘结薄冰的蛋白，打
  蛋器高速搅拌至起大的泡沫时，加
  入 1/3 细砂糖（图 8）。

🧤 小贴士

翻拌的手法

　　将打发的蛋白霜分 3 次与蛋黄糊混合
均匀是戚风制作的重要环节。在蛋黄糊和
蛋白霜都稳定无失误的前提下，翻拌混合
是戚风成败又一关键环节。

⑥继续搅拌至泡沫变得细腻，再加入 1/3 细砂糖（图 9）。

⑦继续搅拌至蛋白霜即将失去流动性，加入剩余细砂糖，保持高速搅拌（图 10）。

⑧将蛋白霜打发至干性（硬性）发泡，拉起的蛋白霜呈现短小挺立的尖角状（图 11）。

⑨用刮刀取 1/3 蛋白霜到蛋黄糊里（图 12）。

⑩用手动打蛋器以"切"的方式将蛋白霜与蛋黄糊混合，不要划圈搅拌，左手转动搅拌碗，右手切拌，蛋白霜结块的部分是切拌的重点（图 13）。

⑪拌匀的状态是颜色均匀，没有结块的蛋白霜（图 14）。

⑫再次以刮刀取 1/3 蛋白霜到蛋黄糊里（图 15）。

⑬仍然以切拌的方式完成混合，同时可辅助用手动打蛋器翻拌，具体做法是手动打蛋器自搅拌碗 2 点钟方向沿盆壁溜底划至 7 点钟方向，顺势翻转手腕将盆壁未能搅拌的面糊翻至中间位置（图 16）。

⑭翻拌均匀的蛋黄糊倒入剩余的 1/3 蛋白霜中（图 17）。

⑮仍然以手动打蛋器切拌、翻拌直至面糊颜色均匀，无蛋白霜颗粒（图 18~20）。

⑯换用刮刀，以翻拌的手法将面糊从底部翻起，彻底混合均匀（图 21~23）。

 小贴士

脱模的最佳时机是什么？出炉的戚风蛋糕要立即倒扣，完全晾凉后才能脱模。但是如果将冷却后的戚风连同模具以保鲜袋密封后冷藏过夜，会更容易脱模，且风味更完美。

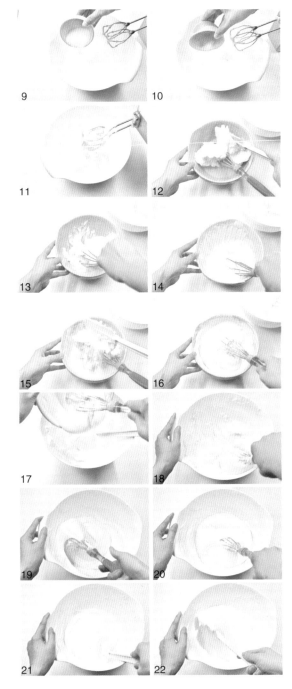

⑰ 完成的面糊从高处倒入模具（图24）。

⑱ 双手按压模具，在桌面上震几下使面糊平整并震出内部大的气泡，入预热好的烤箱烘烤（图25）。

⑲ 烘烤过程中，表面上色满意后就要加盖锡纸，防止上色过重。在距离设定时间还有5分钟左右时，就要拿牙签插入蛋糕内部，取出后看有没有带出湿黏的面糊。如果牙签是干爽的，证明蛋糕已成熟。配方给出的时间只是一个参考，确切的烘烤时间要灵活掌握。蛋糕成熟出炉后立即倒扣，晾凉后才能脱模（图26）。

酸奶戚风

（15厘米中空戚风）

用料（Ingredients）

A
蛋黄……3 只
玉米油……37 克
酸奶……65 克
低粉……52 克

B
蛋白……3 只
细砂糖……50 克

烘焙（Baking）

180℃，上下火，中下层，25 分钟

准备（Preparation）

· 酸奶加热至微温。
· 低粉过筛。
· 蛋白蛋黄分离后，蛋白冷冻至边缘结薄冰。

制作步骤（Steps）

① 蛋黄加入玉米油搅拌均匀（图 1）。

② 加入温热的酸奶搅拌均匀（图 2）。

③ 筛入低粉搅拌均匀（图 3~4）。

④ 蛋白分 3 次加入细砂糖打发（图 5）。

⑤ 取 1/3 打发的蛋白霜与蛋黄糊翻拌均匀（图 6）。

⑥ 再取 1/3 打发蛋白与蛋黄糊翻拌均匀后，倒回剩余蛋白霜中（图 7）。

⑦ 翻拌成细致均匀的戚风面糊（图 8）。

⑧ 入模后震模两次，入预热好的烤箱烘烤（图 9）。

 小贴士

戚风的高度不高，组织不细腻是什么原因?

　　戚风的高度和组织都与蛋白霜的状态有直接关系，稳定、细腻、状态良好的蛋白霜是烤出好戚风的关键，如果蛋白霜本身就是粗糙、含有大量不均匀气泡的，那么做好的戚风组织很难细腻均匀。

百香果戚风

（10 厘米中空迷你戚风 3 只）

用料（Ingredients）

蛋黄……3 只
细砂糖……20 克
百香果汁……45 毫升
玉米油……45 克
低粉……65 克
蛋白……3 只
细砂糖……35 克

烘焙（Baking）

155℃，上下火，中下层，35 分钟

　　制作方法同"原味戚风"，该配方也可用于制作一只 15 厘米的戚风蛋糕。

　　百香果对半切开，取果肉，过滤出果汁使用。

可可戚风 （17 厘米中空戚风）

用料（Ingredients）

蛋黄……4 只
细砂糖……25 克
牛奶……60 克
玉米油……50 克
低粉……60 克
可可粉……15 克

蛋白……4 只
细砂糖……55 克

烘焙（Baking）

180℃，上下火，中下层，35~40 分钟

 小贴士　制作的戚风蛋糕为什么会凹底？

戚风脱模后发现底部不平整，而是向上凹起，这是底火过大所致。一般情况下，易出现在烤箱容量较小，模具放置在最下一层紧贴下发热管导致。改善的方法是，尽量不要将模具放置在烤网上，而是放在烤盘，以隔绝下火。也可将烤盘反向放置，这样平面高度会在倒数第一和第二层之间，以制造出离下发热管较远的距离。

制作方法同"原味戚风"。

提前将可可粉和低粉混合过筛。可可粉很容易令蛋白霜消泡，因此操作时要格外注意。

南瓜戚风

（15厘米中空戚风）

用料（Ingredients）

A	蛋黄……3 只
	玉米油……37 克
	牛奶……20 克
	南瓜泥……55 克
	低粉……56 克
B	蛋白……3 只
	细砂糖……48 克

烘焙（Baking）

180℃，上下火，中下层，25 分钟

准备（Preparation）

· 南瓜去皮去瓤蒸熟，碾成泥过筛。
· 低粉过筛。
· 蛋白蛋黄分离后，蛋白冷冻至边缘结薄冰。

制作步骤（Steps）

① 蛋黄加入玉米油搅拌均匀（图 1）。

② 加入温热的牛奶搅拌均匀（图 2）。

③ 加入南瓜泥搅拌均匀（图 3）。

④ 筛入低粉搅拌均匀（图 4）。

⑤ 完成的蛋黄糊（图 5）。

⑥ 蛋白分 3 次加入细砂糖打发（图 6）。

⑦ 取 1/3 打发的蛋白霜，与蛋黄糊翻拌均匀（图 7）。

⑧ 再取 1/3 打发蛋白，与蛋黄糊翻拌均匀后，倒回剩余蛋白霜中（图 8）。

⑨ 翻拌成细致均匀的戚风面糊（图 9）。

⑩ 入模后震模两次，入预热好的烤箱烘烤（图 10）。

黑芝麻戚风

（15厘米中空戚风）

用料（Ingredients）

蛋黄……3 只
玉米油……37 克
牛奶……30 克
熟黑芝麻……1 大匙
黑芝麻糊……15 克
低粉……56 克
蛋白……3 只
细砂糖……48 克
柠檬汁……数滴

烘焙（Baking）

180℃，上下火，中下层，25 分钟

准备（Preparation）

· 黑芝麻糊或黑芝麻粉用少许热水（配方外）调匀。
· 低粉过筛。
· 蛋白蛋黄分离后，蛋白冷冻至边缘结薄冰。
· 牛奶加热。

制作步骤（Steps）

① 在分离出的蛋黄中加入玉米油搅拌均匀(图1)。

② 加入热的牛奶搅拌均匀（图2）。

③ 加入调好的黑芝麻糊搅拌均匀（图3）。

④ 筛入低粉搅拌均匀（图4）。

⑤ 加入黑芝麻拌匀，备用（图5）。

⑥ 取出略冷冻的蛋白，加入少许柠檬汁，分三次加入细砂糖打发至干性（图6）。

⑦ 取 1/3 蛋白霜，用翻拌和切拌的手法与蛋黄糊混合均匀，再加入 1/3 蛋白霜混合（图7）。

⑧ 最后将蛋黄糊倒入剩余蛋白霜中翻拌均匀，面糊完成（图8）。

⑨ 将蛋糕糊从高处倒入模具中（图9）。

⑩ 双手按住模具的烟囱部分，将模具在操作台上震几下，使蛋糕糊分布均匀（图10）。

⑪ 把竹签插在蛋糕糊中画圈搅拌，消除面糊中大的气泡，将调整好的面糊入炉烘烤（图11）。

⑫ 出炉立即倒扣晾凉后再脱模（图12）。

奶酪戚风

（17 厘米中空戚风）

有美好的奶酪香味，比起轻乳酪蛋糕更加绵软膨松，口感清爽，是非常推荐的一款戚风蛋糕。

用料（Ingredients）

A | 奶油奶酪……100 克
    | 牛奶……100 克

B | 蛋黄……3 只
    | 细砂糖（蛋黄用）……20 克
    | 玉米油……40 克

C | 低粉……80 克

D | 蛋白……4 只
    | 细砂糖（蛋白用）……50 克
    | 柠檬汁……数滴

烘焙（Baking）

170℃，上下火，中下层，40 分钟

准备（Preparation）

· 奶油奶酪软化备用。

· 低粉过筛。

· 蛋白蛋黄分离后，蛋白冷冻至边缘结薄冰。

制作步骤（Steps）

① 将软化的奶油奶酪用刮刀拌至顺滑（图1）。

② 少量多次加入牛奶搅拌均匀，每次都搅拌到奶酪能完全将牛奶吸收且没有颗粒（图2）。

③ 全部牛奶与奶酪混合后，如果有小的奶酪颗粒没有拌匀，就过筛一次（图3）。

④ 蛋黄加入细砂糖搅拌至略微发白（图4~5）。

⑤ 在蛋黄中加入玉米油搅拌均匀（图6）。

⑥ 将奶酪和牛奶混合物倒入蛋黄糊中搅拌均匀（图7）。

⑦ 筛入低粉搅拌均匀（图8）。

⑧ 完成的蛋黄糊顺滑无颗粒（图9）。

⑨ 将蛋白加少许柠檬汁，分三次加入细砂糖打发至接近干性（图10）。

⑩ 取拳头大小的蛋白霜，用手动打蛋器与蛋黄奶酪糊混合搅拌均匀（图11）。

⑪ 再取一半蛋白霜，用刮刀以翻拌的手法与蛋黄奶酪糊混合均匀（图12）。

⑫ 将上一步混合均匀的蛋黄奶酪糊倒回蛋白霜中，翻拌均匀（图13）。

⑬ 入模后震模两次，入预热好的烤箱烘烤，出炉立即倒扣晾凉（图14）

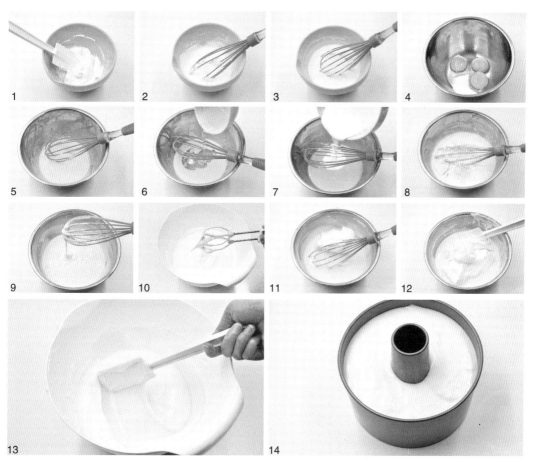

松软细腻的蛋糕、柔滑的香草奶油馅注心，如果是夏天，一定记得把奶油馅冷藏一下，会像冰淇淋般的清凉爽心。

北海道戚风 （方形或圆形纸杯，7~10只）

用料（Ingredients）

鸡蛋……2 只

细砂糖……25 克（蛋白用）

细砂糖……15 克（蛋黄用）

牛奶……15 克

玉米油……15 克

低粉……17 克

烘焙（Baking）

180℃，上下火，中层，10 分钟转 150℃烤 10 分钟

准备（Preparation）

· 蛋黄蛋白分离在两只无油无水的盆中。

· 牛奶加温备用。

制作步骤（Steps）

① 蛋黄加 15 克细砂糖搅拌均匀（图 1）。

② 加入玉米油搅拌均匀（图 2）。

③ 加入温热的牛奶搅拌均匀（图 3）。

④ 筛入低粉混合均匀（图 4~5）。

⑤ 蛋白分两次加入细砂糖 25 克，打发至湿性（图 6）。

⑥ 分两次将蛋白霜与蛋黄糊翻拌混合均匀（图 7）。

⑦ 完成的蛋糕糊顺滑细腻（图 8）。

⑧ 面糊装入纸杯六分满，入炉前将纸杯在操作台上震几下，使面糊分布均匀（图9）。

⑨ 蛋糕入炉后会膨胀高出纸杯，出炉后很快就会回缩塌陷（图 10）。

⑩ 用泡芙花嘴将香草奶油馅挤进蛋糕体内部，食用前可以筛少许糖粉（图 11）。

* "香草奶油馅"的制作方法见 p.161。

1 2 3 4
5 6 7 8
9 10 11

🧤 小贴士

　　制作北海道戚风的要点在于，蛋白打发不要太过，湿性即可。配方中粉类材料比例很小，蛋白打发比较软，因此出炉后的蛋糕会立即回缩塌陷，并且具有非常细腻柔软的口感。塌陷的蛋糕内部在注入奶油馅后，会逐渐饱满起来。

纸杯戚风蛋糕 （12 连麦芬模）

用料（Ingredients）

蛋黄……3 只
色拉油……20 克
水……35 克
低粉……50 克

蛋白……3 只
细砂糖……45 克
柠檬汁少许

烘焙（Baking）

140℃，上下火，中层，50 分钟左右

 小贴士

* 制作方法同"原味戚风"。
* 制作不回缩不开裂的纸杯戚风，重点在于蛋白霜的打发程度，保持中低速打至八分发的蛋白霜，既稳定又能控制蛋糕适度膨胀。
* 面糊入模八分满，太满也会使表面开裂。
* 出炉会感觉表皮略干，晾凉密封后会回软。

第四章

海绵蛋糕

Sponge Cake

　　海绵有着完全不同于戚风的口感，蓬松柔软，蛋香浓郁。而制作方法、砂糖用量、全蛋打发状态及搅拌手法的差异，都会对成品口味产生微妙的变化。

　　通过打发全蛋制作的海绵蛋糕口感湿润轻柔，分蛋法制作的海绵蛋糕则质地相对结实。在熟练掌握了基础海绵蛋糕的制作方法后，可以得心应手地在蛋糕中加入杏仁粉、巧克力等原料来变化口感。

1 制作海绵蛋糕使用的模具

使用普通圆模来制作海绵蛋糕，在模具内侧垫一圈油纸。另取一张油纸剪成圆形，垫在模具底部。

2 全蛋打发

1.将鸡蛋打入较深的搅拌盆中，将搅拌盆浸入盛有热水的盆中，持续小火加热，同时高速打发（图1）。

2.当蛋液打发至体积膨胀后，分3次加入细砂糖，继续隔水加热并保持高速打发（图2）。

3.当水温达到60℃左右，蛋液温度达到40℃时，将打蛋盆离开热水，继续高速打发（图3）。

4.理想的全蛋打发状态，是打蛋器挑起的蛋液泡沫丰富、质地黏稠，即便滴落泡沫也不会轻易消失（图4）。

* 打发全蛋最好使用室温的新鲜鸡蛋，冷藏的鸡蛋一定要提前恢复室温后使用。

3 混合的手法

初学者将面粉与打发蛋糊进行混合时，使用手动打蛋器比刮刀更为省力，易于操作。手动打蛋器有密集的铁丝可以穿过蛋糊，每一次翻拌都可以更大幅度地混合。具体的做法：用手动打蛋器从2点钟方向向7点钟方向紧贴盆底划过，顺势翻转手腕。将手动打蛋器提起，使蛋糊和面粉透过铁丝重新落入盆中，同时左手小幅度转动打蛋盆。重复上一个动作，直至无干粉颗粒。在操作熟练后，建议仍然使用刮刀进行混合，具体手法和使用手动打蛋器相同。刮刀刀面垂直于碗底，快速划过并自然翻转手腕，将刮刀上的面糊落回搅拌碗中。如此反复用力刮拌直至没有干粉颗粒。

4 加入液体

在前面的制作过程都没有失误的前提下，很多朋友会在最后一步加入液体材料时产生消泡前功尽弃。这里涉及到一个概念叫做"乳化"。通俗讲，就是将水分和油分两种不易融合的材料完全混合。这就需要将黄油加热到55℃~90℃，才能确保与牛奶等含有水分的原料完全混合。

如果最后一步加入的黄油低于这个温度，那么就容易造成乳化不完全，使油脂游离于水分之外而产生"消泡"。

基础海绵蛋糕 （18 厘米圆模）

用料（Ingredients）

A	蛋……3 只
	细砂糖……100 克
	水饴……5 克
	低粉……90 克
B	黄油……23 克
	牛奶……36 克

烘焙（Baking）

160℃ ，上下火，中层，30 分钟

准备（Preparation）

· 模具底部和四周垫好油纸。

· B 料黄油和牛奶混合微波或隔水加热至黄油融化，保温备用。

制作步骤（Steps）

① 将全蛋加入细砂糖隔40℃以上温水略微搅拌，水饴加热后倒入蛋液中（图1）。

② 用电动打蛋器高速打发，待蛋液温度达到40℃时离火（图2）。

③ 将蛋液打发至滴落的蛋糊不会轻易消失的状态（图3）。

④ 分两次筛入低粉（图4）。

⑤ 用手动打蛋器以翻拌的方式混合（图5）。

⑥ 全部低粉混合完成后，将温热的黄油和牛奶搅拌后沿盆壁倒入面糊中（图6）。

⑦ 用手动打蛋器略微翻拌后，改用刮刀将面糊翻拌至顺滑有光泽（图7）。

⑧ 入模后将模具在桌面震2次，置于预热的烤箱中层烘烤（图8）。

⑨ 出炉后立即将模具从20厘米高处摔在桌面上，以震出底部高热的气体，将蛋糕倒扣在晾网上脱模（图9）。

⑩ 晾至不烫手时，揭掉四周垫纸（图10）。

🧤 小贴士

* 水饴也叫玉米糖浆，如果没有，可以忽略。

* 黄油和牛奶一定要保持略高的温度，才易于和面糊完全混合乳化。冷的黄油会很容易造成油水分离。

* 基础海绵蛋糕晾凉后包好保鲜膜，可冷藏或冷冻，使用前回温即可。

分蛋法可可海绵蛋糕

（18 厘米圆模）

用料（Ingredients）

A 全蛋……2 只
细砂糖……73 克

B 蛋白……1 只
细砂糖……25 克

C 低粉……55 克
可可粉……10 克
淡奶油……30 克

烘焙（Baking）

170℃，上下火，中层，30 分钟

准备（Preparation）

·模具底部和四周垫好油纸。
·C 料的低粉和可可粉混合过筛。

制作步骤（Steps）

① 将 A 料的 2 只全蛋加细砂糖隔水打发（图 1）。

② 将 B 料的蛋白分 2 次加入细砂糖，打发至干性（图 2）。

③ 取 1/2 蛋白霜加入打发的全蛋糊中，翻拌均匀（图 3）。

④ 将 C 料的低粉和可可粉混合筛入蛋糊中（图 4）。

⑤ 用刮刀（或手动打蛋器）翻拌均匀（图 5）。

⑥ 加入剩余的 1/2 蛋白霜翻拌均匀（图 6）。

⑦ 将煮沸的淡奶油沿盆壁倒入面糊中，翻拌均匀（图 7）。

⑧ 将完成的蛋糕糊入模，震模 2 次，入预热的烤箱烘烤，出炉后立即将模具从 20 厘米高处摔在桌面上，以震出底部高热的气体。将蛋糕倒扣在晾网上脱模，晾至不烫手时揭掉四周垫纸（图 8）。

用料（Ingredients）

A	鸡蛋······2 只 细砂糖······65 克 柠檬汁······少许		**C**	牛奶······33 克 黄油······23 克 可可粉······13 克 黑巧克力······13 克
B	低粉······43 克 玉米粉······10 克			

烘焙（Baking）

170℃，上下火，中层，30 分钟

准备（Preparation）

· 模具铺油纸防粘。

· 蛋白蛋黄分离后，分别置于无油
  无水盆中。

· 低粉和玉米粉混合过筛。

这是一种全新的打发方式：先将蛋白打发后混合蛋黄，得到更为稳定的全蛋液，解决了巧克力容易使蛋糊消泡的难题。浓郁的巧克力海绵，简单地涂抹一层酸甜的奶酪，用新鲜草莓和巧克力屑来装扮一下，简单朴素又美味，带她去聚会吧！

日式巧克力海绵蛋糕

（12 厘米方形活底蛋糕模）

制作步骤（Steps）

① 将牛奶、黄油、黑巧克力隔水加热，不停搅拌至巧克力融化（图 1~2）。

② 筛入可可粉搅拌均匀，保温备用（图 3~4）。

③ 蛋白打粗泡，加 1 小勺柠檬汁，高速打发（图 5）。

④ 分三次加入细砂糖，将蛋白打发至干性（图 6）。

⑤ 将蛋黄加入打发的蛋白中（图 7）。

⑥ 继续打发至蛋黄与蛋白霜混合均匀，蛋液滴落的纹路有非常明显的堆积感（图 8）。

⑦ 一次性筛入低粉和玉米粉混合物（图9）。

⑧ 用刮刀或手动打蛋器翻拌均匀至无干粉状态，动作轻柔快速，不要划圈以免消泡（图10）。

⑨ 将微温的巧克力和黄油牛奶的混合物倒在面糊表面（图11）。

⑩ 以手动打蛋器翻拌混合均匀（图12~13）。

⑪ 将面糊从高处倒入模具中，轻磕台面3~5次震出多余气泡，入预热好的烤箱烘烤（图14）。

⑫ 出炉后倒扣蛋糕脱模，揭掉底部油纸，翻转过来在晾网上晾凉后密封过夜，第二天蛋糕会更湿润（图15）。

装饰

① 利用模具将蛋糕表面修饰平整（图16）。

② 切去四周不整齐的部分（图17）。

③ 将奶油奶酪馅用小刀随意涂抹在蛋糕表面（奶油奶酪馅参照p.225无比派夹馅的做法）（图18）。

④ 装饰切块的草莓和白巧克力碎（草莓一定要洗净，沥干水分；白巧克力可以用小勺或水果刨刮出碎屑，用勺子撒在蛋糕表面。不要用手碰，巧克力屑很容易化掉）（图19）。

🧤 **小贴士**

* 不要减少糖量。海绵蛋糕中的糖起到很大的保湿作用，因为有可可粉和巧克力的加入，会平衡糖的甜度，口感上不会太甜。

* 第二步，混合好的巧克力黄油液体一定要保持在40℃左右微温的状态，使用前一定要再次搅拌均匀。

手指饼干

手指饼干是制作提拉米苏围边和夹层及很多慕斯蛋糕底的必备。标准的手指饼干应该外表饱满，内部酥松，口感酥脆，这样在用做提拉米苏夹层时，才能充分吸收咖啡糖酒液。

从配方来看，仅仅用到三种最基本的原料：鸡蛋、面粉、糖。但是外表朴素的手指饼干，制作起来却比曲奇还要有难度。如果你能把它做好，那么说明你的海绵蛋糕这一课已经可以过关了。手指饼干是分蛋海绵的做法，不同之处就是它没有用到液体材料和油脂类，所以呈现出饼干般入口即化的酥脆口感，非常适合半岁左右的小朋友。

用料（Ingredients）

鸡蛋……2 只
低粉……60 克
细砂糖……20 克（用于蛋黄）
细砂糖……40 克（用于蛋白）

准备（Preparation）

· 将塑料一次性裱花袋内装入一枚中号
  圆型花嘴，用长嘴夹夹住底部，将裱
  花袋套在杯子上。
· 将蛋黄和蛋白分别分离，盛放在两只
  无油无水的搅拌碗里。

制作步骤（Steps）

① 蛋黄中加入 20 克细砂糖，搅拌均匀
  至细砂糖融化（图 1~2）。

② 蛋白略打至粗泡时加入一半量的细砂
  糖（图 3）。

③ 继续高速打发蛋白，当提起打蛋头，
  拉起的蛋白霜呈软的弯钩状时，加入
  剩余细砂糖（图 4~5）。

④ 将蛋白霜打至干性（蛋白霜可以拉起
  短小的尖角）（图 6）。

⑤ 取拳头大小的蛋白霜与蛋黄糊混合，
  用手动打蛋器搅拌即可。不用担心这
  一部分蛋白霜消泡，它主要是用来稀
  释蛋黄糊，使其质地更接近蛋白霜，
  方便下一步的混合（图 7~8）。

烘焙（Baking）

190℃，上下火，10 分钟

⑥ 取 1/2 蛋白霜与蛋黄糊混合（图 9~10）。

⑦ 将混合均匀的蛋黄糊倒入剩余的蛋白霜中，混合均匀（图 11~12）。

⑧ 完成的蛋糕应该是质地均匀的，没有蛋白结块存在，泡沫饱满稳定才能接下来的操作（图 13）。

⑨ 将低粉分两次筛入打发的蛋糕中，混合均匀至无干粉颗粒（图 14~17）。

⑩ 完成的面糊装入准备好的裱花袋，左手托住底部，右手握紧上部，松开长嘴夹，倾斜 45 度在烤盘上挤出长短一致粗细均匀的长条形面糊。注意面糊之间要留至少 1.5 厘米的间隙，以免入炉膨胀后粘连在一起（图 18）。

⑪ 在完成的饼干坯表面撒糖粉，如果想要更为酥脆的糖皮，可静置 1~2 分钟，再撒一次糖粉后入炉烘烤（图 19）。

9 10 11 12
13 14 15 16
17 18 19

小贴士

* 手指饼干的操作要点在于混合的手法。无论是蛋白霜与蛋黄糊的混合，还是粉类材料与蛋糊的混合，都要特别注意使用"翻拌"和"切拌"的手法进行。初学者在最后一步混合粉类与蛋糊时，可将刮刀改为手动打蛋器，这样更易于操作。

* 不建议一次制作更多的量。因为完成的饼干面糊如不及时入炉就会消泡，所以每次仅制作一份的量即可。

* 饼干坯撒糖粉可以形成一层酥酥的糖皮，这在制作提拉米苏时是必需的，平时制作可以忽略这一步。

* 按照烘焙时间和温度烤至浅金黄色的手指饼干，出炉后可能内部会不够酥脆，待晾凉后再次入炉，以 170℃烘 3~5 分钟即可。

在熟练掌握海绵蛋糕制作的
基础上，可以尝试不同的变化。
这款蛋糕在普通海绵的基础上加
入大量杏仁粉，并用巧克力甘那
许做了夹层，使蛋糕呈现浓郁丰
富的口感。

巧克力夹心杏仁海绵蛋糕 （热狗模6只）

用料（Ingredients）

A	鸡蛋……3 只	苦甜巧克力……50 克
	细砂糖……90 克	淡奶油……50 克
B	低粉……60 克	
	杏仁粉……60 克	
C	黄油……40 克	
	热水……20 毫升	

烘焙（Baking）

180℃，上下火，中层 12~15 分钟

准备（Preparation）

·B 料的低粉、杏仁粉分别过筛，备用。
·将 C 料黄油微波或隔水加热至融化，保温备用。
·热狗模内壁涂黄油冷藏，备用。

制作步骤（Steps）

① 将全蛋加入细砂糖隔温水打发（图1）。

② 打发的全蛋糊应该细腻顺滑，滴落的蛋液不会立即消失（图2）。

③ 将热水淋入打发的全蛋糊中搅拌均匀（图3）。

④ 将B料的低粉筛入打发的全蛋中（图4）。

⑤ 用手动打蛋器翻拌均匀（图5）。

⑥ 将B料的杏仁粉筛入蛋糊中，仍然以手动打蛋器翻拌均匀（图6~7）。

⑦ 将融化的黄油用小勺淋在面糊表面，用手动打蛋器翻拌均匀（图8）。

⑧ 完成的蛋糕糊入模八分满，将模具在桌面轻磕以震出内部气泡，入预热好的烤箱（图9）。

⑨ 蛋糕烤制的时间来制作巧克力夹心，将淡奶油加热到即将沸腾，分10次左右一点点地倒入切碎的巧克力中，直至巧克力完全融化并呈顺滑状（图10~11）。

⑩ 蛋糕出炉后倒扣脱模晾凉，将巧克力甘那许（凉至半凝固状态时较好操作）用小抹刀在蛋糕上轻轻抹平，盖上另一片蛋糕片即可（图12）。

小贴士

* 虽说是在全蛋海绵做法的基础上加入了杏仁粉，但是由于杏仁粉含油量很大，所以操作起来并不简单，要求手法要非常熟练，轻柔快速地混合才是关键。用手动打蛋器代替刮刀会更方便操作。

* 可以将此配方换用各种小型纸杯来制作，烘烤温度不变，调整时间即可。

* 制作巧克力甘那许，切不可将滚烫的淡奶油一次性倒入巧克力中，一定要少量多次地加入才有利于完全乳化。

　　浓郁的黑巧克力海绵，如雪花般轻盈的奶油霜，搭配出简约又极具北欧风情的浪漫格调。

斯堪的纳维亚蛋糕

（25 厘米 ×35 厘米长方形烤盘）

用料（Ingredients）

黑巧克力海绵蛋糕原料
黑巧克力……80 克
淡奶油……45 克
蛋白……160 克
细砂糖……70 克
低粉……45 克

淡奶油奶油霜
黄油……100 克
糖粉……30 克
淡奶油……150 克

烘焙（Baking）

150℃，上下火，中层，30 分钟

准备（Preparation）

· 黑巧克力切块。

制作步骤（Steps）

① 黑巧克力隔水融化（图 1）。

② 淡奶油加热到即将沸腾后，分 10 次左右加到黑巧克力中，每次都要搅拌至完全吸收（图 2）。

③ 全部淡奶油加入后搅拌至出现顺滑的光泽感（图 3）。

④ 将蛋白分 3 次加入细砂糖，中速打发至湿性偏干（图 4）。

⑤ 取半量打发的蛋白霜与巧克力糊翻拌均匀（图 5~6）。

⑥ 筛入低粉翻拌均匀（图 7~8）。

⑦ 将剩余蛋白霜分3次与巧克力面糊混合均匀（图9）。

⑧ 完成的蛋糕糊从高处倒入铺了油纸（或油布）的烤盘，抹平表面使厚薄均匀，在桌面上震出大气泡，入炉烘烤。烤好的蛋糕片出炉后立即摔在桌面上震出内部热气，置于晾网上晾至不烫手（图10）。

⑨ 将蛋糕片四边用脱模刀划一圈，倒扣在一片干净的油纸上，揭下底部油布(注意，如果此时不操作，将揭下的油布仍然盖回蛋糕表面以免变干）（图11）。

⑩ 等待蛋糕片冷却的时间，来制作奶油霜，黄油软化后加糖粉搅拌至顺滑（图12~13）。

⑪ 淡奶油（常温）逐次加入打发的黄油中，搅拌至完全吸收的顺滑状态（图14~15）。

⑫ 组合：蛋糕片纵向切成均匀的四片，薄薄地抹上一层奶油霜（图16）。

⑬ 一片片叠加起来，最上面的一层可用勺子简单地抹出自然的纹理（图17）。

🧤 小贴士

* 淡奶油奶油霜切不可用冷藏的淡奶油，放置到室温或用微波炉略微加热一下，才能轻易被黄油吸收。

* 装饰好的蛋糕冷藏定型，把四周不规则的部分切去。可将蛋糕刀浸泡热水加温，用湿毛巾略擦干来切，可以得到完美的切面。注意，每切一刀都要擦干净刀身并重新加热。

* 淡奶油奶油霜对温度格外敏感，冷藏后的奶油会变硬，略微恢复室温后即可回软。奶油霜浸润了海绵蛋糕体，使风味融合达到极致。

维也纳榴莲奶油蛋糕

（28 厘米 ×28 厘米正方形烤盘）

有着浓郁奶油风味的维也纳海绵蛋糕较普通海绵蛋糕有着完全不同的风味，而奶油霜中加入的大量榴莲果肉更是蛋糕整体风味的重点。

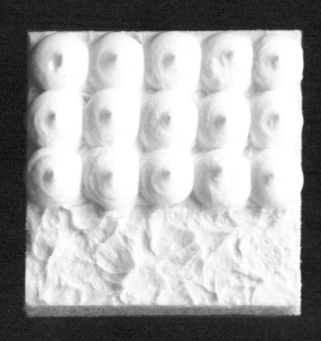

用料（Ingredients）

维也纳海绵蛋糕
全蛋……100克
蛋黄……50克
细砂糖……80克
低粉……55克
黄油……28克

榴莲奶油霜
蛋黄……18克
水……15克
砂糖……45克
黄油……90克
榴莲果泥……90克

烘焙（Baking）

180℃，上下火，中层，15分钟

准备（Preparation）

· 烤盘垫油纸。
· 蛋糕片用黄油隔水或微波加热融化并保温。
· 奶油霜用黄油软化。
· 榴莲果肉用料理机打成细腻的果泥。

制作步骤（Steps）

① 全蛋、蛋黄和细砂糖一边隔水加热一边搅拌至40℃左右时离火，持续打发至滴落的蛋糊不会轻易消失的状态（图1）。

② 分2次筛入低粉，用手动打蛋器以翻拌的手法混合均匀（图2~4）。

③ 将热的融化黄油加入面糊中翻拌均匀（图5~6）。

④ 完成的面糊从高处倒入垫油纸的烤盘中，抹平表面，入预热好的烤箱烘烤（图7）。

⑤ 蛋糕出炉后从高处摔向台面，震出底部热气，顺势拉着垫纸，将蛋糕片托到晾网上，揭开四周油纸散热（图8）。

⑥ 待蛋糕温热时将其倒扣在另一张干净的油纸上，将底部油纸揭开(图9)。

⑦ 再次反转蛋糕片，使其正面朝上。将表皮揭掉，使蛋糕片两面烤色一致（图10）。

⑧ 将蛋糕横向纵向各切一刀，得到四片边长约14厘米的方形蛋糕片（图11）。

⑨ 将水和砂糖加热至118℃（图12）。

⑩ 蛋黄搅拌均匀后，将热的糖浆一边淋入蛋黄，一边高速打发（图13）。

⑪ 淋入了糖浆的蛋黄隔水加热至82℃并持续打发至顺滑浓稠（图14）。

⑫ 黄油软化后打发至顺滑（图15）。

⑬ 依次加入蛋黄糊和榴莲果泥并搅拌均匀（图16~18）。

⑭ 用刮刀将奶油霜翻拌以去除内部大的气泡使其顺滑细腻（图19）。

⑮ 按照一片蛋糕片，一层榴莲奶油霜的顺序将四片蛋糕片层层叠加，表面的榴莲奶油霜抹平后可用小勺随意抹出纹路，以圆形裱花嘴装饰少许打发的淡奶油即可（图20）。

海绵杯子蛋糕 （12 连模）

用料（Ingredients）

A
蛋……3 只
细砂糖……90 克
低粉……90 克

B
黄油……25 克
牛奶……40 克

制作方法同"基础海绵蛋糕"，
制做好的纸杯蛋糕可以简单装饰奶油。

烘焙（Baking）

190℃，上下火，中层，20~25 分钟

准备（Preparation）

· 12 连麦芬模垫纸杯备用。
· B 料黄油和牛奶混合微波或隔水加热至黄油融化，保温备用。

第五章

磅 蛋 糕

Pound Cake

磅蛋糕即基本原料为黄油、糖、鸡蛋、面粉四种材料相同比例的蛋糕，它风味浓郁口感绵甜、松软轻盈却又不失弹性。在基础配方的基础上略微调整原料比例及添加不同风味的食材，即可变化出各种口味。

基础款也是最经典的磅蛋糕，加入天然香草籽，冷藏后风味更显浓郁。

香草磅蛋糕

用料（Ingredients）

黄油……100 克
糖粉……100 克
香草……1/4 支
全蛋……84 克
低粉……100 克
泡打粉……0.75 克

糖浆 {清水……50 克
砂糖……10 克
蛋糕体中使用的香草去籽后剩余的豆荚。

烘焙（Baking）

180℃，上下火，中层，35 分钟

准备（Preparation）

· 低粉泡打粉过筛两次，备用。
· 黄油软化。
· 鸡蛋恢复室温打散。

制作步骤（Steps）

① 将香草豆荚纵向剖开，用刀尖取出香草籽（图1）。

② 用刮刀以按压的方式将软化的黄油和香草籽及糖粉粗略混合（图2）。

③ 用电动打蛋器将黄油打发至颜色发白体积膨松（图3）。

④ 分5~6次加入打散的全蛋液，每次都要搅拌至完全吸收再加入下一次的量（图4）。

⑤ 全部蛋液完全被黄油吸收后，黄油呈顺滑的奶油状（图5）。

⑥ 一次性筛入过筛后的低粉和泡打粉混合物（图6）。

⑦ 右手持刮刀，在2点钟位置入刀，溜盆底滑至8点钟位置时，将满载黄油糊的刮刀提起，翻转将刮刀上从底部捞起的黄油糊甩落在表面，同时左手转动搅拌盆，重复此步骤（图7~8）。

⑧ 翻拌80次以上，面糊呈现顺滑无颗粒的光泽感（图9）。

⑨ 面糊入模六七分满即可，用刮刀将面糊表面抹平，两端要高出一些，这样膨胀后才会整齐，入预热好的烤箱中层烘烤（图10）。

⑩ 烤蛋糕的时候来制作糖浆，将水、砂糖和制作蛋糕时取出了香草籽的豆荚一同煮沸，小火熬煮至体积只有原来1/3量，得到略浓稠的糖浆（图11）。

⑪ 蛋糕出炉后略微晾一下，把糖浆刷在表面，待不烫手时脱模晾至微温，蒙保鲜膜冷藏过夜（图12）。

这是一款最"有料"的蛋糕，你喜欢的果干都在这里了，还不赶快开动！

干果磅蛋糕

用料 (Ingredients)

黄油……90 克

糖粉……90 克

全蛋……75 克

低粉……90 克

泡打粉……1 克

蔓越莓……18 克

甜杏干……18 克

西梅……18 克

糖渍橙皮……30 克

葡萄干……60 克

核桃……30 克

制作步骤 (Steps)

① 软化的黄油加入糖粉，用刮刀拌匀（图1）。

② 将黄油打发至颜色发白、体积膨松（图2）。

③ 分 5~6 次加入打散的全蛋液，每次都要搅拌至完全吸收再加入下一次的量（图 3~4）。

④ 一次性筛入过筛后的低粉和泡打粉，用刮刀混合翻拌至有光泽（图 5~6）。

⑤ 将所有处理过的果干和核桃加入面糊拌匀（图 7~8）。

⑥ 面糊入模六七分满即可，入模后用刮刀将面糊表面抹平，两端要高出一些，这样膨胀后才会整齐，入预热好的烤箱中层烘烤（图 9）。

小贴士

* 蛋糕富含各种果干，应冷藏三天至一周后食用，味道会更好。

烘焙 (Baking)

180℃，上下火，中层，45~50 分钟

准备 (Preparation)

· 低粉泡打粉过筛两次，备用。

· 黄油软化。

· 鸡蛋恢复室温打散。

· 所有果干温水浸泡 20 分钟，吸干水分后切块。

· 核桃入烤箱，155℃ 12 分钟烤出香味，晾凉切块。

酥脆的抹茶奶酥提升了蛋糕的浓重滋味。

抹茶奶酥蛋糕

用料（Ingredients）

黄油……50 克
糖粉……50 克
蛋……1 只
抹茶……3.5 克
低粉……47 克
泡打粉……0.7 克

奶酥原料
抹茶……1.5 克
低粉……7 克
杏仁粉……7 克
细砂糖……7 克
黄油……10 克

烘焙（Baking）

170℃，上下火，中层，25~30 分钟

准备（Preparation）

· 抹茶过筛后与低粉和泡打粉混合过筛两次，备用。
· 蛋糕用黄油软化，奶酥用黄油切小块冷冻。
· 鸡蛋恢复室温打散。

制作步骤（Steps）

① 先制作奶酥。将奶酥原料中除黄油外的所
   有材料混合筛入料理机，加入切块冷冻的
   黄油（图 1）。

② 开机搅拌至颗粒状，冷藏备用（如果没有
   料理机，双手快速揉搓也可以）（图 2）。

③ 制作蛋糕体，将软化黄油加糖粉拌匀后打
   发（图 3）。

④ 分 4 次加入打散的全蛋液，每次都要搅拌
   至完全吸收（图 4）。

⑤ 加入过筛的粉类（图 5）。

⑥ 改为用刮刀翻拌均匀，大约需要 90 次（图 6）。

⑦ 入模后用刮刀抹平表面，将冷藏的奶酥撒
   在表面，入炉烘烤（图 7）。

这款蛋糕有清苦的抹茶、甜糯的红豆、醇香的可可，非常搭的三个口味。

抹茶可可蛋糕

用料（Ingredients）

黄油……100 克		低粉……47 克
糖粉……100 克	A	抹茶……3 克
鸡蛋……100 克		低粉……42 克
蜜红豆……35 克	B	可可粉……11 克

| 糖浆 | 水……20 克 |
| | 糖……6 克 |

烘焙（Baking）

180℃，上下火，中层，35~40 分钟

准备（Preparation）

· 模具垫油纸。
· A 料中的抹茶过筛一次，和低粉混合再过筛两次，B 料过筛两次，备用。
· 黄油软化。
· 鸡蛋恢复室温打散。

制作步骤（Steps）

① 软化的黄油分3次加入糖粉搅拌（图1）。

② 将黄油打发至颜色发白、体积膨松的羽毛状（图2）。

③ 少量多次地加入打散的全蛋液，每次都搅拌至完全吸收（图3）。

④ 蛋液全部混合后，应该呈完全乳化的细腻顺滑状，没有油水分离（图4）。

⑤ 将打发的黄油分成两等份（图5）。

⑥ 在其中的一份黄油中筛入A料的抹茶和低粉，用刮刀拌匀，加入蜜红豆（图6~8）。

⑦ 在另一份黄油中筛入B料的可可粉和低粉，用刮刀拌匀（图9~10）。

⑧ 完成的两份面糊（图11）。

⑨ 将抹茶面糊盛入模具中，不需要抹平，自然地堆积起来。将模具在桌面震动以填满空隙（图12）。

⑩ 将可可面糊盛在抹茶面糊上，用勺子抹平，表面喷水后入炉烘烤（图13）。

⑪ 在烘烤15分钟左右面糊结皮时，取出用利刀在表面划一道口子，继续入炉烘烤至成熟（图14）。

⑫ 烘烤完成后取出模具，在晾网上晾至微温（图15）。

⑬ 连同垫纸一同取出，将糖浆原料的水和砂糖混合煮沸，用毛刷刷在蛋糕表面，待其彻底凉透，用保鲜膜包裹后冷藏过夜（图16）。

盐之花巧克力蛋糕 （14.5 厘米 ×8 厘米 ×7.5 厘米长方型模具）

用料（Ingredients）

A | 黑巧克力（65%~70%）……80 克
  | 盐之花……1 克

B | 黄油……95 克
  | 鸡蛋……2 只
  | 细砂糖……95 克

C | 低粉……80 克
  | 可可粉……20 克
  | 泡打粉……2.5 克

烘焙（Baking）

180℃，上下火，中层，50 分钟

准备（Preparation）

·模具垫油纸备用。
·C 料所有粉类提前过筛两次。

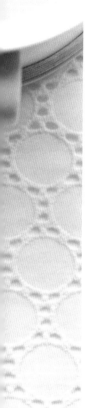

制作步骤（Steps）

① A 料的黑巧克力隔 40℃左右温水加热至融化（图1）。

② 将融化的巧克力搅拌至顺滑，加入 1 克盐之花略微搅拌（图2）。

③ 将巧克力倒入铺了保鲜膜的容器中，冷藏至凝固（图3）。

④ 取出凝固的巧克力切块，备用（图4）。

⑤ 将 B 料软化的黄油、鸡蛋和细砂糖全部倒入料理机中（图5）。

⑥ 用料理机搅拌至完全乳化的状态（图6）。

⑦ 将黄油鸡蛋糊倒入搅拌盆中（图7）。

⑧ 筛入 C 料混合过筛的粉类（图8）。

⑨ 搅拌至无干粉颗粒的均匀状态，加入巧克力块拌匀（图9~10）。

⑩ 将面糊盛入垫好油纸的模具内略微整理后，入炉烘烤，出炉后脱模晾凉，保鲜膜包好冷藏过夜（图11）。

小贴士

* 盐之花是产自布列塔尼的海盐，带有奇异的香味。盐之花巧克力块可根据个人喜好切成小颗粒或大的块状。

加入亲自熬制的百香果酱，香气浓郁。

百香果蛋糕

用料（Ingredients）

黄油……100 克
糖粉……50 克
全蛋……100 克
香草精……适量
百香果酱……90 克
低粉……100 克
泡打粉……3 克

烘焙（Baking）

170℃，上下火，中层，35~40 分钟（视模具大小调整）

准备（Preparation）

·低粉泡打粉过筛两次，备用。
·黄油软化。
·鸡蛋恢复室温打散。

制作步骤（Steps）

① 软化的黄油略微搅拌，加入糖粉打发至膨松发白（图 1）。

② 分 4~5 次加入打散的蛋液，每次都要搅拌至完全吸收（图 2）。

③ 加入百香果酱和少许香草精搅拌均匀（图 3）。

④ 将低粉和泡打粉混合筛入打发黄油中（图 4）。

⑤ 用刮刀充分混合至均匀有光泽（图 5）。

⑥ 入模后抹平表面送入烤箱(图 6)。

百香果果酱

用料（Ingredients）

百香果肉……1000 克
砂糖……600 克
柠檬……1 只

* 将百香果对半切开，取果肉，连同砂糖和1 个柠檬的汁熬煮至浓稠（制作方法同草莓果酱）。

用料（Ingredients）

黄油……100 克

红糖……100 克

蛋……2 只

枣泥……80 克

低粉……125 克

泡打粉……1.5 克

* "枣泥"的制作方法见 p.102。

烘焙（Baking）

170℃，上下火，中层，35~40 分钟（视模具大小调整）

准备（Preparation）

· 低粉泡打粉过筛两次，备用。

· 黄油软化。

· 鸡蛋恢复室温打散。

红糖枣泥蛋糕

制作步骤（Steps）

① 软化的黄油略微搅拌（图1）。

② 加入红糖搅拌至均匀顺滑（图2）。

③ 分5~6次加入打散的全蛋液，每次都要搅拌至完全吸收，再加入下一次的量（图3）。

④ 加入枣泥搅拌均匀（图4）。

⑤ 将低粉和泡打粉混合，筛入打发的黄油中（图5）。

⑥ 用刮刀混合成均匀的面糊（图6）。

⑦ 面糊入模六七分满即可，入模后用刮刀将面糊表面抹平，两端要高出一些，这样膨胀后才会整齐，入预热好的烤箱中层烘烤（图7）。

甜姜蛋糕 （长21厘米、宽5.5厘米、高6.7厘米，长条活底磅蛋糕模）

用料（Ingredients）

鸡蛋……1只
细砂糖……60克
黄油……60克
低粉……60克
煮甜姜……35克
黑白芝麻各适量

烘焙（Baking）

180℃，上下火，中层，35~40分钟

准备（Preparation）

· 黄油融化保温。

* "煮甜姜"的制作方法见 p.103。

制作步骤（Steps）

① 甜姜切碎（图 1）。

② 将一只大号鸡蛋的蛋黄和蛋白分离（图 2）。

③ 蛋白分 3 次加入细砂糖打发至干性（图 3）。

④ 加入蛋黄（图 4）。

⑤ 继续用电动打蛋器搅拌至蛋黄与蛋白霜充分融合，形成稳定的全蛋糊（图 5）。

⑥ 将融化的温热黄油倒进蛋糊中（图 6）。

⑦ 仍然用电动打蛋器混合均匀（图 7）。

⑧ 筛入低粉，用手动打蛋器翻拌均匀（图 8）。

⑨ 加入切碎的甜姜混合均匀（图 9）。

⑩ 完成的面糊非常稳定（图 10）。

⑪ 将面糊入模后抹平表面（图 11）。

⑫ 将黑白芝麻均匀地撒在面糊上，入预热好的烤箱烘烤（图 12）。

自制无添加枣泥可以用来制作蛋糕或面包的夹馅，红枣的味道非常突出。

枣　泥

制作步骤（Steps）

① 将红枣洗净泡软，去核（图 1~2）。

② 加水煮透（图 3）。

③ 将煮透的红枣沥水，用料理机打成泥（图 4）。

④ 将枣泥倒入锅中中火不停翻炒至浓稠（不要使用铁锅，如果不是不粘锅，可以加少许黄油防粘）（图 5）。

* 在这里不使用任何糖和油脂，只取红枣天然的香味和甜度，最后的炒制时间视需要的浓稠程度进行调整。

煮好的甜姜可以用来切碎制作蛋糕，甜姜水可以用来搭配红茶、苏打水。

煮甜姜

用料（Ingredients）

姜……300 克
砂糖……250 克
水……450 克

* 煮好的甜姜趁热装入煮过消毒的瓶中，
　凉后冷藏保存

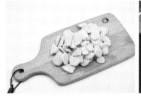

制作步骤（Steps）

① 姜洗净去皮，切成厚片（图 1）。

② 砂糖加水煮沸后加入姜片，大火煮沸，转中
　火煮至浓稠即可（图 2）。

色拉油版全蛋打发法磅蛋糕，浓郁的可可和酸甜的杏子。

可可甜杏蛋糕

用料（Ingredients）

A
鸡蛋……2 只
黄蔗糖……80 克
色拉油……50 克
牛奶……100 克

B
低粉……60 克
可可粉……40 克
杏仁粉……20 克
泡打粉……4 克

C
杏干……12 颗

烘焙（Baking）

180℃，上下火，中层，35 分钟

准备（Preparation）

· B 料粉类混合过筛。
· 杏干用清水浸泡一夜。

制作步骤（Steps）

① 将浸泡过的杏干对半切开，去核后用
　厨房纸巾拭干水分（图 1）。

② 2 只鸡蛋加黄蔗糖搅拌至浓稠顺滑（图
　2）。

③ 加入色拉油低速混合，注意油脂会沉
　入盆底，一定要彻底混合均匀（图 3）。

④ 加入牛奶，仍然以低速混合（图 4）。

⑤ 将 B 的粉类筛入打发蛋液中，用手动
　打蛋器略微混合（图 5）。

⑥ 加入沥干的杏干，用刮刀拌匀入模烘
　烤（图 6~7）。

巧克力纸杯蛋糕

用料（Ingredients）

A
| 黄油……35 克
| 糖粉……20 克
| 蛋黄……1 只
| 巧克力……30 克

B
| 低粉……15 克
| 可可粉……5 克
| 杏仁粉……20 克

C
| 蛋白……1 只
| 细砂糖……20 克

D | 巧克力……10 克

烘焙（Baking）

160℃，上下火，中层，20 分钟

准备（Preparation）

· 黄油软化。

· B 料粉类混合过筛。

· D 料的巧克力切碎。

· 蛋黄蛋白分离。

* 以下两款蛋糕均以磅蛋糕的方法制作成杯
   子蛋糕，也可改用长条模具来制作。

制作步骤（Steps）

① A 料的黑巧克力切块，隔 40℃左右温水融化，备用（图 1）。

② 软化的黄油加入糖粉，用刮刀拌匀（图 2）。

③ 将黄油打发至膨松发白（图 3）。

④ 加入一只蛋黄搅拌至完全吸收（图 4）。

⑤ 将温热的黑巧克力加入黄油中，搅拌均匀（图 5~6）。

⑥ C 料的蛋白分两次加入细砂糖，打发至湿性偏干（图 7）。

⑦ 取 1/3 打发的蛋白霜与黄油巧克力糊混合均匀（图 8）。

⑧ 一次性筛入 B 料的粉类（图 9）。

⑨ 将粉类与黄油巧克力糊翻拌均匀（图 10）。

⑩ 将面糊倒入剩余蛋白霜中翻拌均匀（图 11）。

⑪ 加入 D 料的巧克力碎混合（图 12）。

⑫ 将面糊装入裱花袋，无需花嘴。将袋口剪开后挤进模具九分或满模，入预热好的烤箱烘烤，出炉后脱模，置晾网上晾凉（图 13）。

装饰：巧克力奶油霜。将 40 克黑巧克力隔 50℃左右温水融化，待其降温后加入 125 克瑞士奶油霜（制作方法见 p.110）中混合均匀，用大号圆形裱花嘴挤出圆球状奶油霜，在表面撒巧克力碎屑。

抹茶奶油杯子蛋糕

（直径 4.5 厘米蛋糕，16 只）

用料（Ingredients）

黄油……50 克
糖粉……50 克
鸡蛋……1 只
低粉……70 克
牛奶……50 克
香草精……少许
盐……少许

制作步骤（Steps）

① 黄油软化后加入糖粉和少许盐，用刮刀拌匀（图1）。

② 用打蛋器将黄油打发至体积膨松（图2）。

③ 将鸡蛋打散后，少量多次地加入打发的黄油中，每次都搅拌至完全吸收，再加入下一次的量（图3）。

④ 加入少许香草精搅拌均匀（图4）。

⑤ 一次性将低粉筛入黄油中（图5）。

⑥ 先用搅拌头略微拌一下，再中速搅拌至顺滑均匀（图6）。

⑦ 加入牛奶（图7）。

⑧ 继续搅拌至牛奶吸收，成为均匀细滑的面糊（图8）。

⑨ 直接将面糊装入裱花袋，袋口剪开。将面糊入模九分或满模，入预热好的烤箱烘烤成熟后，脱模晾凉（图9）。

装饰：瑞士奶油霜（制作方法见 p.110）125 克中筛入 5 克左右的抹茶粉，搅拌均匀,用蒙布朗花嘴挤出纹路，装饰蜜红豆。

烘焙（Baking）

170℃，上下火，中层，20 分钟

准备（Preparation）

· 黄油软化。
· 低粉过筛。
· 鸡蛋和牛奶恢复室温。

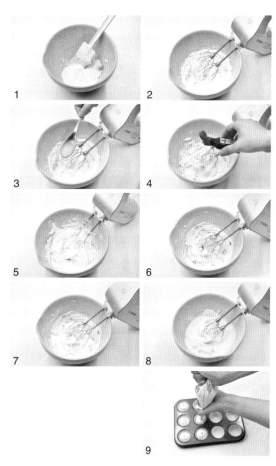

瑞士奶油霜

用料（Ingredients）

蛋白……1 只
细砂糖……30 克
黄油……85 克

制作步骤（Steps）

① 黄油软化，搅拌至顺滑，备用（图 1）。

② 蛋白加细砂糖隔水中小火加热，不停搅拌
至温度达到 65℃（图 2）。

③ 离火后立即高速将蛋白打发至温度降至室
温，蛋白霜非常坚挺的程度（图 3）。

④ 少量多次地加入黄油，每次都搅拌至完全
吸收（图 4）。

⑤ 中途会出现类似油水分离的状态，不要担
心，继续搅拌（图 5）。

⑥ 搅至奶油霜质地细腻顺滑（图 6）。

⑦ 加少许香草精，搅拌均匀后即可使用（图
7）。

制作磅蛋糕需要注意要点：

* 黄油软化、打发和加入液体，请参考本书"曲奇制作"的要领。

* 筛入面粉后以翻拌手法混合，才能保留黄油中裹入的空气，使成品膨松细腻。具体的手法：
右手持刮刀，在 2 点钟位置入刀，溜盆底滑至 8 点钟位置时，将满载黄油糊的刮刀提起，翻转，将
刮刀上从底部捞起的黄油糊甩落在表面，同时左手转动搅拌盆。重复此步骤，需翻拌 80~100 次，
待面糊呈现光泽感时即可入模。搅拌的手法不正确会使面粉出筋影响口味；如果搅拌不足，烘焙时
蛋糕会塌陷且组织粗糙。参考本书 p.86 "香草磅蛋糕"制作方法。

* 磅蛋糕根据种类不同，用保鲜膜密封，可冷藏保存一周甚至二周。食用前提前取出，恢复室
温后切片即可。

* 有的磅蛋糕配方中会加入少量泡打粉，是为了蛋糕组织更加膨松。如介意可忽略，完全凭借
黄油打发来得到松软口感。

* 在选用黄油方面，如果使用发酵黄油，风味会更好。

* 如果使用非不粘模具，在装入面糊前一定要先垫油纸。

* 烤制过程中，面糊表面结皮时可用刀尖纵向划开，防止蛋糕表面无规则开裂。

第六章

麦芬蛋糕

Muffin

— —

麦芬应该是最快手的小蛋糕了，基本无须打发黄油或鸡蛋，依靠泡打粉或小苏打来使蛋糕膨胀，而制作过程也仅仅是将干湿材料混合即可，这里使用的油脂多为液态植物油或黄油。制作麦芬需要注意的是：一定要将粉类和泡打粉混合过筛，以确保泡打粉均匀分布；干湿材料混合时切忌过度搅拌，面糊略显粗糙时即可装模烘烤，过度搅拌会使面粉起筋影响口感。麦芬蛋糕可以随心所欲地变化食材来制作，常温下大约可保存 3 天，带有奶油霜等装饰的蛋糕则必须冷藏。

绝对是最浓郁的巧克力麦芬，松软的蛋糕体，浓醇的巧克力夹心，你会爱上它。

特浓巧克力麦芬

用料（Ingredients）

蛋糕体

A | 70% 巧克力……85 克
可可粉……28 克
热咖啡……180 克

B | 高筋粉……117 克
细砂糖……150 克
盐……2.5 克
小苏打……4.5 克

C | 色拉油……90 克
蛋……2 只
白醋……2 小勺
香草精……少许

巧克力夹心

70% 巧克力……60 克
淡奶油……60 克
糖粉……1 大勺

烘焙（Baking）

175℃，上下火，中层，20 分钟

准备（Preparation）

· 准备一杯热咖啡，如果没有咖啡机，可以用速溶咖啡（不含糖、奶）加水替代。
· 所需的巧克力分别切成碎块。
· B 料的粉类混合过筛。

制作步骤（Steps）

① 先制作巧克力夹心。将夹心所需的巧克力切碎与淡奶油及糖粉混合，微波加热并搅拌至顺滑，冷藏备用（图 1~2）。

② 制作蛋糕体，将 A 料的巧克力切碎，加入可可粉和热咖啡混合，搅拌均匀并冷藏降温（图 3）。

③ 在冷却的巧克力糊中分别加入 C 料的色拉油、全蛋、白醋和香草精，混合均匀（也可全部混合后再加入）（图 4~7）。

④ 一次性倒入混合过筛的 B 料所有粉类，搅拌均匀（图 8）。

⑤ 将完成的蛋糕面糊入模九分满，将夹心用裱花袋挤入面糊中，入预热好的烤箱烘烤（图 9）。

健康低脂配方的香蕉麦芬，有大量香蕉泥的加入，浓浓的香气和软糯的口感，还有一粒粒坚果的惊喜，真的好吃！

香蕉麦芬

用料（Ingredients）

A 低粉……100 克
　　 泡打粉……5 克

B 牛奶……60 克
　　 色拉油……30 克
　　 枫糖浆……20 克
　　 红糖……20 克

C 香蕉……150 克
　　 坚果……30 克
　　 装饰用香蕉片适量

烘焙（Baking）

180℃，上下火，中层，30 分钟

准备（Preparation）

· A 料低粉和泡打粉混合过筛。
· 坚果烤香切块，备用。

制作步骤（Steps）

① B 料所有液体材料和糖混合搅拌均匀（图 1）。

② 将过筛的 A 中的低粉和泡打粉与液体材料混合，搅至还有少许干粉的状态（图 2~3）。

③ 将 150 克香蕉用叉子压成泥，不需要太细，有些小的颗粒感也没有关系（图 4）。

④ 将香蕉泥和坚果碎加入面糊中，混合均匀（图 5~6）。

⑤ 入模八九分满，表面可将香蕉切 0.5 厘米厚片做装饰，入炉烤至表面金黄（图 7）。

散发着金橘和香草的气息，即使凉透了吃也仍然非常松软。

金橘麦芬

用料（Ingredients）

黄油……70 克
糖粉……35 克
盐……2.5 克
蛋……1 只
低粉……100 克
泡打粉……4 克
糖渍金橘汁……55 克
糖渍金橘……60 克

烘焙（Baking）

180℃，上下火，中层，20 分钟

准备（Preparation）

· 低粉和泡打粉混合过筛。
· 黄油软化。
· 鸡蛋恢复室温打散。
· 糖渍金橘捞出，切小粒。

制作步骤（Steps）

① 黄油软化后加入糖粉和盐，打发至膨松发白（图 1）。

② 分 4~5 次加入打散的全蛋液，每次都搅拌至完全吸收（图 2~3）。

③ 将低粉和泡打粉混合，筛入打发的黄油中（图 4）。

④ 用刮刀搅拌均匀后，加入糖渍金橘汁和切碎的糖渍金橘颗粒（图 5）。

⑤ 用刮刀搅拌至完全吸收，不要过度搅拌，拌匀即可（图 6）。

⑥ 用勺子将面糊舀入纸杯八分满，表面可装饰切碎的糖渍金橘颗粒，入炉烘烤（图 7）。

🧤 小贴士

* 糖渍金橘的制作方法见 p.254。

* 糖渍金橘可以切碎混入蛋糕糊中，也可以整颗使用。

用料（Ingredients）

A
牛奶……40 克
枫糖浆……60 克
玉米油……30 克

B
低粉……100 克
泡打粉……5 克

C
核桃……30 克

烘焙（Baking）

180℃，上下火，中层，20~25 分钟

准备（Preparation）

· B 料低粉和泡打粉混合过筛。
· 核桃烤或炒出香味，切块，备用。

用枫糖浆替代砂糖，味道非常浓郁，口感也不会甜腻。

枫糖核桃麦芬

制作步骤（Steps）

① A料所有液体材料混合搅拌均匀（图1）。

② 将过筛的 B 料筛入，与液体材料混合至还有少许干粉的状态时，加入烤熟的核桃粒（图2~3）。

③ 略微拌匀，装入模至八九分满，表面可装饰核桃粒，入炉烤至表面金黄即成（图4）。

用奥利奥饼干来装饰麦芬，松软的蛋糕和酥脆的
饼干同时享用。

巧克力豆麦芬

用料（Ingredients）

A
牛奶……100 克
细砂糖……30 克
玉米油……30 克
枫糖浆……15 克

B
低粉……100 克
可可粉……12 克
泡打粉……5 克

C
巧克力豆……50 克
奥利奥饼干……5 片

烘焙（Baking）

180℃，上下火，中层，20~25 分钟

制作步骤（Steps）

① A 料的所有材料混合，搅拌均匀
（图 1）。

② 将过筛的 B 料筛入，与液体材料
混合至还有少许干粉的状态时，
加入巧克力豆（图 2~3）。

③ 略微拌匀后装入模八九分满，表
面可用奥利奥饼干碎片装饰，入
炉烤至表面金黄（图 4~5）。

用料（Ingredients）

A
黄油……125 克
淡奶油……185 克
鸡蛋……2 只
1 只柠檬的皮屑

B
中筋粉……300 克
泡打粉……10 克
海盐……1/4 小勺
细砂糖……80 克

C | 蓝莓 185 克

金宝酥粒原料
黄油……50 克
细砂糖……50 克
杏仁粉……50 克
中筋面粉……50 克

烘焙（Baking）

180℃，上下火，中层，30 分钟

 小贴士

制作金宝酥粒时，手的温度会很容易将黄油软化，因此要趁着黄油尚未变软的时机迅速完成。如操作中黄油已经软化，应立即将搅拌碗整个送入冷冻室降温，再继续操作。

我喜欢在出炉前的几分钟，盯着烤箱里新鲜的蓝莓在蛋糕顶部爆开，蓝色的汁液咕嘟咕嘟地冒出来，渗透进麦芬中，而此时的金宝酥粒已经烤得金灿灿的，屋里弥漫着浓浓的香味！新鲜出炉的麦芬一口咬下，浓郁的奶香、酥酥的外壳，还有清新酸甜的蓝莓，一切都那么美好！

蓝莓麦芬

准备（Preparation）

· 麦芬用黄油提前微波或隔水加热至融化。
· 金宝酥粒用黄油提前切小块冷藏或冷冻。
· 柠檬用盐搓洗干净表皮，擦干后用刨刀刨出碎屑，备用。
· 淡奶油和鸡蛋提前从冷藏室取出回温。
· 麦芬原料 B 料的所有粉类提前过筛一次。
· 烤盘垫纸杯备用。

金宝酥粒制作步骤（Steps）

① 将中筋面粉、杏仁粉、细砂糖混合均匀，加入冷藏切小块的黄油（图 1）。

② 双手隔着面粉包裹黄油揉搓（图 2~3）。

③ 将黄油与面粉搓成颗粒状，冷藏备用（图 4）。

制作步骤（Steps）

① 将融化的黄油与淡奶油混合，搅拌均匀（图1）。

② 加入2只鸡蛋搅拌均匀（图2）。

③ 加入柠檬碎屑搅拌均匀（图3）。

④ 将B料的中筋粉、泡打粉、海盐、细砂糖混合过筛，入液体材料中（图4）。

⑤ 翻拌至基本无干粉状态（图5）。

⑥ 加入1/2蓝莓略微混合（图6）。

⑦ 用小勺挖起面糊入模，最好满模而且不需要刻意抹平，入炉后它会膨胀并爆起蘑菇头（图7）。

⑧ 表面摆放剩余蓝莓（图8）。

⑨ 最后将提前制作好的金宝酥粒撒在表面，入预热好的烤箱中层烘烤（图9）。

⑩ 将麦芬烤至表面金黄，出炉后用小叉子挑起纸杯，将麦芬移到晾网上晾凉（图10）。

 小贴士

* A料中与融化黄油混合的淡奶油和鸡蛋一定是常温状态的，因为冷藏后的液体材料会使黄油迅速降温凝固，不易混合。

* B料中的所有粉类材料应提前过筛，以利于各种材料分布均匀。

* 液体材料和粉类混合至无干粉即可，甚至有一点点干粉存在也不影响，千万不要过度搅拌。完成的面糊会显得很粗糙，但这没有关系，这样烤制的麦芬口感才好。

* 烤制时间要灵活把握，蛋糕要烤到金黄色，蓝莓爆开汁液浸透蛋糕体的状态。

第七章

乳酪蛋糕

Cheese Cake

1 怎样快速软化奶油奶酪?

将奶油奶酪用保鲜膜包好，按压成1.5厘米厚度，用微波加热，每隔10秒钟左右取出察看一次，一般1分钟即可软化到位（图1）。

2 怎样处理模具?

制作乳酪蛋糕最好使用固底不粘模具，底部要垫油纸以方便脱模。如使用非不粘模具，四周也要垫一圈油纸（高过模具），或者涂抹黄油防粘，活底模具要包裹至少两层锡纸，以防止底部进水（图2）。

3 什么叫水浴法?

水浴法就是将模具置于盛有热水的深盘中来烘烤，通过加热产生的蒸汽使得蛋糕更加湿润。盛装热水的烤盘要有一定深度，加热水的量要至少没过模具的1/3高度。烤制过程中如发现热水有沸腾的迹象，可以加少许冷水降温（图3）。

4 乳酪蛋糕在什么时间享用最美味?

一般在烤制时间完成后，最好将烤箱断电，蛋糕仍然留在炉中缓慢降温，利用余热慢慢烤透。完全凉透后取出，轻轻地倾斜模具，蛋糕体自然与模具四壁分离。此时不要脱模，在模具表面盖一层厨房纸巾（吸附产生的湿气，防止弄湿蛋糕表面），再包一层保鲜膜冷藏过夜，让各种食材的风味充分融合渗透。翌日再享用，才是最好的味道（图4）。

5 怎样脱模？

乳酪蛋糕的蛋糕体都很嫩且湿润，因此脱模要格外小心。将冷藏过夜的蛋糕取出，盖一片油纸在上面（防止直接倒扣在手上会粘掉表皮），左手按住蛋糕，右手将模具倒扣过来。将蛋糕扣在左手后去掉模具，拿一只盘子盖在蛋糕底部，再反转过来即可。如果蛋糕的四周与模具有粘连，可用脱模刀或极薄的小刀轻轻沿模具壁划一圈。如果底部不好脱模，可将模具在明火上直接加热一下。

6 怎样将蛋糕切出漂亮的切面？

将薄而锋利的刀（最好是波浪齿的专用蛋糕刀）浸在热水中加温，用湿毛巾擦干，切一刀之后，就要将刀片上沾到的蛋糕用纸巾擦干净，重新浸热水加温。

7 买不到酸奶油怎么办？

有两种办法可以替代酸奶油。方法一，淡奶油 200 克加 2 小勺柠檬汁（鲜榨和浓缩都可以），搅拌均匀，静置 30 分钟后密封冷藏，变得浓稠如酱状时即可使用；方法二，滤网上放置两层厨房纸巾，倒入原味酸奶冷藏过滤一夜，沥出浮清后，上层浓稠部分即可使用。

这是一款不会失败的芝士蛋糕，浓郁醇香的蛋糕体与含有坚果碎的饼底组合出完美的口感。

纽约芝士蛋糕（18厘米圆模）

用料（Ingredients）

蛋糕原料

奶油奶酪……250 克

酸奶油……200 克

淡奶油……200 克

细砂糖……120 克

鸡蛋……3 只

玉米粉……15 克

柠檬汁……1 大勺

香草精……适量

饼底原料

低粉……70 克

去皮熟核桃……35 克

糖粉……20 克

盐……少许

黄油……35 克

烘焙（Baking）

水浴法，180℃，上下火，中下层，30 分钟转 160℃烤 30 分钟

准备（Preparation）

· 奶油奶酪软化。

· 鸡蛋恢复室温。

· 饼底材料中的黄油切小块，冷藏。

· 模具底部铺油纸。

制作步骤（Steps）

① 饼底原料中的所有食材用料理机打碎（不要打太久，核桃有些细小的颗粒也没有关系），压入模具底部，用手压实（图 1）。

② 入预热 160℃的烤箱，放于中层，烘烤 15 分钟，饼底呈金黄色时取出晾凉，用小刀沿饼底四周划一圈使其脱离模具（方便后期脱模），在模具四壁涂黄油（图 2）。

③ 软化的奶油奶酪搅拌顺滑，加入酸奶油搅拌均匀（图 3）。

④ 加入淡奶油搅拌均匀（图 4）。

⑤ 加入玉米粉搅拌均匀（图 5）。

⑥ 加入细砂糖搅拌均匀（图 6）。

⑦ 加入鸡蛋搅拌均匀（图 7）。

⑧ 加入柠檬汁和香草精搅拌均匀（图 8）

⑨ 将完成的面糊直接过筛入准备好的模具中（图 9）。

⑩ 模具浸入深盘，加热水至少没过模具 1/3 高度，入预热好的烤箱中下层烘烤，按照确定的温度和时间烤制完成。将蛋糕留在烤箱中利用余温慢慢烘制，2 小时左右完全凉透后取出，包保鲜膜冷藏过夜（图 10）。

舒芙蕾乳酪蛋糕

（18 厘米圆模）

用料（Ingredients）

A
奶油奶酪……300 克
融化黄油……45 克

B
蛋黄……57 克
细砂糖……20 克
玉米粉……11 克
牛奶……150 克

C
蛋白……95 克
细砂糖……55 克

烘焙（Baking）

水浴法，180℃，上下火，中下层，15 分钟转 160℃烤 25 分钟

准备（Preparation）

· 奶油奶酪软化。
· 黄油融化。
· 模具底部垫油纸，四壁涂黄油。

制作步骤（Steps）

① 奶油奶酪软化后搅拌顺滑，加入融化黄油搅拌均匀（图1）。

② B 料的蛋黄加入细砂糖搅拌均匀，加入玉米粉拌匀（图2）。

③ B 料的牛奶煮沸，一边缓缓冲入蛋黄一边保持搅拌（图3）。

④ 将牛奶蛋黄糊重新倒回小锅中，大火隔水加热，不停搅拌至浓稠时离火（图4）。

⑤ 趁热将蛋黄糊倒入奶酪中混合均匀（图5~6）。

⑥ C 料的蛋白分 3 次加入细砂糖中，低速打发至湿性（图7）。

⑦ 取 1/3 蛋白霜与奶酪糊混合均匀，倒入剩余蛋白霜翻拌均匀（图8）。

⑧ 完成的面糊入模，用刮刀抹平表面后入炉，烤制时间达到后不要取出，利用余温使蛋糕慢慢熟透，完全冷却下来后连同模具包裹保鲜膜，冷藏过夜（图9）。

小嶋老师的舒芙蕾乳酪蛋糕，加入了卡仕达蛋黄酱，所以蛋糕体湿润绵软入口即化。

乳酪蛋糕

用料（Ingredients）

A
奶油奶酪……165 克
酸奶油……132 克
蛋黄……2 只
玉米淀粉……26 克
牛奶……132 克
香草精……少许

B
蛋白……2 只
细砂糖……80 克

烘焙（Baking）

水浴法，200℃，上下火，中下层，15~20 分钟，上色后转 150℃烤 40 分钟

准备（Preparation）

·准备一片 1 厘米左右厚度的海绵蛋糕片。

制作步骤（Steps）

① 模具底部铺海绵蛋糕片，周围铺高出模具 3 厘米的油纸（不粘模具可以涂少许黄油即可）（图 1）。

② 奶油奶酪室温或微波加热软化，搅拌均匀（图 2）。

③ 加入酸奶油搅拌均匀（图 3）。

④ 加入蛋黄搅拌均匀（图 4）。

⑤ 筛入玉米淀粉搅拌均匀（图 5）。

⑥ 分数次加入牛奶搅拌均匀（图 6）。

⑦ 加入少许香草精搅拌均匀（图 7）。

⑧ 完成的乳酪糊过筛一次（图 8）。

⑨ B 料的蛋白打至发泡后，一次性加入全部细砂糖，打发至滴落的蛋白霜变得浓稠，有明显的堆积感（图 9）。

⑩ 分两次将打发的蛋白与奶酪糊翻拌均匀（图 10）。

⑪ 完成的面糊入模后入炉烘烤（图 11）。

非常喜爱的一款轻乳酪蛋糕，因为使用了大量蛋黄，成品口感轻盈浓郁。

轻乳酪蛋糕

（18 厘米圆模）

用料（Ingredients）

A
- 奶油奶酪……200 克
- 淡奶油……45 克
- 牛奶……80 克
- 黄油……70 克

B
- 牛奶……45 克
- 玉米粉……22 克
- 蛋黄……120 克

C
- 蛋白……132 克
- 柠檬汁……少许
- 细砂糖……70 克
- 玉米粉……9 克

烘焙（Baking）

水浴法，180℃，上下火，中下层，15~20 分钟，上色后转 150℃，烤 45 分钟

准备（Preparation）

· B 料中牛奶和玉米粉混合搅拌均匀。
· C 料中细砂糖和玉米粉混合均匀。
· 模具底部垫油纸，四壁涂黄油冷藏，备用。

制作步骤（Steps）

① A 料的所有材料混合，隔水小火加热并不停搅拌（图 1）。

② 混合成均匀顺滑的奶酪糊（图 2）。

③ B 料的牛奶和玉米粉混合均匀，加入奶酪糊中搅拌均匀（图 3）。

④ 逐次加入 B 料中的蛋黄混合均匀（图 4）。

⑤ 完成的奶酪糊过筛一次（图 5）。

⑥ C 料的蛋白加少许柠檬汁，分 3 次加入细砂糖和玉米粉的混合物，打发至接近湿性的状态（图 6）。

⑦ 将打发的蛋白霜分 2 次与奶酪糊混合，翻拌均匀（图 7）。

⑧ 完成的面糊入模后在烤盘添加温水，入预热好的烤箱中下层烘烤（图 8）。

榴莲芝士蛋糕

榴莲真是有人爱有人恨的东西，但是榴莲与芝士的搭配真的美好到可以令不喜欢它的人也会爱上。蛋糕内加入的榴莲果肉可以自行调整，从50~140克都可以，根据个人喜爱程度吧。

用料（Ingredients）

A　榴莲肉……125 克
　　淡奶油……40 克

B　奶油奶酪……125 克
　　细砂糖……20 克
　　蛋黄……2 只
　　低粉……25 克
　　淡奶油……60 克

C　蛋白……2 只
　　细砂糖……40 克

烘焙（Baking）

水浴法、170℃，上下火、中下层、40 分钟

准备（Preparation）

· 奶油奶酪软化。
· 模具底部垫油纸四壁涂黄油。

制作步骤（Steps）

① A 料的榴莲肉和淡奶油用料理机打成泥（图 1）。

② 奶油奶酪软化后加细砂糖搅拌顺滑（图 2）。

③ 加入 2 只蛋黄搅拌均匀（图 3）。

④ 加入 A 料的榴莲奶油泥搅拌（图 4）。

⑤ 筛入低粉混合均匀（图 5）。

⑥ 加入 B 料的另外 60 克淡奶油，搅拌均匀（图 6~7）。

⑦ C 料蛋白分 3 次加入细砂糖打至湿性（图 8）。

⑧ 将打发的蛋白霜分 3 次加入榴莲奶酪糊中（图 9）。

⑨ 完成的蛋糕糊入模置于加热水的烤盘中，入预热好的烤箱烘烤（图10）。

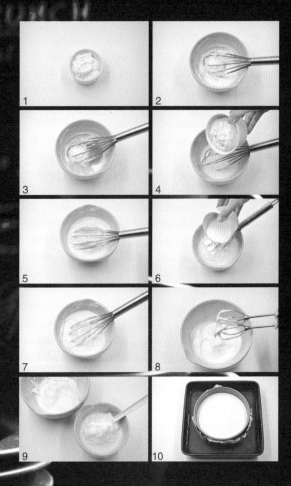

1　2　3　4　5　6　7　8　9　10

浓醇细滑的咖啡奶酪，搭配打发的奶油和有着独特香味的肉桂，像不像在"吃"一杯卡布奇诺？

卡布奇诺乳酪蛋糕

（耐烘焙咖啡杯 3 杯）

用料（Ingredients）

奶油奶酪……70 克
细砂糖……50 克
即溶咖啡粉……1 又 1/2 小勺
全蛋……2 只
牛奶……170 克

烘焙（Baking）

水浴法，140℃，上下火，中层，40 分钟

制作步骤（Steps）

① 奶油奶酪软化后加入细砂糖，搅拌均匀（图 1）。

② 加入即溶咖啡粉搅拌均匀(图 2)。

③ 将 2 只鸡蛋打散后，分 4 次加入奶酪中搅拌均匀（图 3）。

④ 加入牛奶搅拌均匀（图 4）。

⑤ 完成的乳酪糊过筛一次（图 5）。

⑥ 倒入耐烘焙的容器中八九分满（图 6）。

⑦ 将容器以锡纸包覆表面，置于深盘中，加入热水入炉烘烤(图 7)。

小贴士

* 根据容器的大小，烤制的时间会有所不同，最后 5 分钟时可取出查看，如晃动杯子，仅有中间部分的奶酪有轻微颤动，即为成熟。切忌烤制过度，会失去柔滑的口感。

* 烤好的乳酪蛋糕室温晾凉后，仍然包覆锡纸冷藏 2~3 小时。享用前可搭配奶泡或打发鲜奶油，撒少许肉桂粉。

有着布丁的顺滑口感，抹茶的清爽味道一定要搭
配奶油和红豆才会格外美妙。

抹茶烤芝士

（耐烘焙玻璃杯 3 杯）

用料（Ingredients）

奶油奶酪…… 30 克
抹茶……1 小匙
淡奶油……60 克
糖粉…… 60 克
鸡蛋……3 只
牛奶……15 克

 小贴士

为什么乳酪蛋糕会开裂、缩腰、布丁层？

　　蛋白打发过度或烤制温度过高都会导致蛋糕表面开裂，并且因高温膨胀过度造成回落后发生缩腰，而不稳定的蛋白霜也极易造成消泡，产生布丁层。因此，合格稳定的蛋白霜和烤制温度是关键。高速打发的蛋白霜会粗糙且稳定性很差，要使用中低速来打发蛋白，才可以得到细腻且稳定的蛋白霜。制作乳酪蛋糕时，蛋白要打发到湿性发泡，提起打蛋头可以拉出柔和弯钩的状态。另外，将蛋糕置于烤箱的中下层，选择合适的烘烤温度，避免蛋糕表面距离上发热管太近，因温度过高而开裂。

烘焙（Baking）

水浴法，140℃，上下火，中层 40 分钟

制作步骤（Steps）

① 奶油奶酪软化，筛入抹茶搅拌均匀（图 1）。

② 加入淡奶油搅拌均匀（图 2）。

③ 加入糖粉搅拌均匀（图 3）。

④ 逐个加入鸡蛋搅拌均匀（图 4）。

⑤ 加入牛奶搅拌均匀（图 5）。

⑥ 过筛一次（图 6）。

⑦ 倒入模具九分满（图 7）。

⑧ 将模具包好锡纸放入深盘中，注入温水入炉（图 8）。

第八章

蛋 糕 卷

Cake Roll

　　无论是使用戚风蛋糕还是海绵蛋糕的制作方法来制作蛋糕卷，都要通过蛋白霜的打发程度来调节蛋糕的膨胀度，以烤制出柔软有韧性的蛋糕片。这需要在熟练掌握基础戚风和海绵制作方法的基础上才能做到，而蛋白霜的状态则是最关键的一环。通常，制作蛋糕卷时不会将蛋白打发至干性，因此不要使用打蛋器的高速档位。高速档位虽然可以快速达到所需的湿性状态，但是泡沫粗糙不稳定。正确的做法是，以中低速打发出细腻稳定的蛋白霜。

1 | 烤盘的选择

在烤制蛋糕片时，通常使用28厘米×28厘米正方形和25厘米×35厘米长方形烤盘。使用前可以垫油纸或裁剪一块和烤盘底面相同大小的油布。

2 | 蛋糕卷为何会开裂？

开裂的原因有几种：蛋白打发过度，烤制的温度过高或时间过长，卷起的手法不正确。另外，如果卷入内馅太少也会导致卷起弧度太小，从而使蛋糕卷开裂。

3 | 蛋糕卷为何会掉皮？

没有完全烤熟，要适当延长烘烤时间；另外，在蛋糕还很热的时候就倒扣过来，也会因为热气聚集在表皮而变得湿黏，容易被油纸粘掉。

4 | 蛋糕卷表面不平整、起皱、有气泡的原因

蛋白打发不到位，混合时手法不正确发生消泡面糊不稳定。

5 | 正确的脱模方式

不粘烤盘可直接倒入面糊烘烤，出炉后从20厘米高处摔到台面上震出热气，晾至微温时倒扣即可脱模（可使用脱模刀沿四周划一圈）；非不粘烤盘要提前在烤盘上垫油纸或油布防粘，出炉立即拉起油纸，将蛋糕顺势拖到晾网上，揭开四周油纸散热，待晾至微温时再倒扣过来。揭掉底部油纸后如不立即使用就将油纸仍然盖在表面，防止变干。

6 | 如何反卷?

　　如果要使用蛋糕片底部来做为表面，就要注意蛋糕底部完美。使用油纸很容易因为湿气聚集而起皱，所以最好使用不粘烤盘或在烤盘底部垫一张油布，这样才能得到平整的底面。另外，出炉后一定要将蛋糕晾至微温才脱模，这样才能将蛋糕底部粘掉，形成"毛巾底"。

* 制作完成的蛋糕糊要从 30 厘米左右的高处倒入烤盘，这样有利于将面糊内部大的气泡排出（图1）。
* 面糊入模后可以端着烤盘向四角倾斜，使面糊自然流动平整，也可以用塑料刮板将表面刮平（图2~3）。
* 入炉前用喷壶在面糊表面喷水，有利于蛋糕片表面平整。
* 蛋糕卷在卷入打发奶油时，淡奶油应该打发至偏硬一些，这样才有利于卷起及形状的饱满。

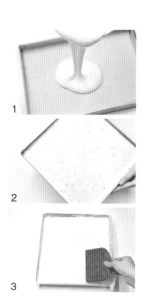

1

2

3

黑芝麻薯泥卷

（28 厘米 ×28 厘米正方形烤盘）

　　健康自然的黑芝麻红薯卷，相对于奶油夹馅来说更易于操作，适合新手在学习蛋糕卷时的练习！口味也相当棒，调制过的红薯馅非常顺滑，与软糯的蛋糕体和浓香的黑芝麻非常搭。

用料（Ingredients）

A
蛋黄……4 只
牛奶……52 克
色拉油……40 克
低粉……52 克
黑芝麻……2 大勺

B
蛋白……4 只
细砂糖……60 克
柠檬汁少许

红薯馅
红薯……300 克
糖粉……适量

烘焙（Baking）

190℃，上下火，中层，18 分钟

制作步骤（Steps）

① 按照戚风蛋糕的制作过程，将蛋黄蛋白分离后，蛋白置冷冻室，备用。先来制作蛋黄糊，按照蛋黄、牛奶、色拉油、低粉、黑芝麻的顺序依次混合搅拌均匀，尤其注意加入色拉油后要充分乳化（图1）。

② 将冷冻至周围有些许薄冰的蛋白取出，加少许柠檬汁打发，中途分3次加细砂糖，保持中速打发至湿性略过一点的状态（图2）。

③ 取1/3蛋白霜与蛋黄糊混合翻拌均匀（图3）。

④ 将混合均匀的蛋黄糊倒入剩余蛋白霜中，翻拌均匀（图4）。

⑤ 将完成的蛋糕糊从高处倒入烤盘（图5）。

⑥ 端起烤盘分别向四角倾斜，使面糊流动至每个角落，平整后将烤盘摔在桌面上震模一次，入预热好的烤箱开始烘烤（图6）。

⑦ 烤制蛋糕的同时可以来制作红薯馅。将红薯蒸熟或烤熟后去皮过筛，视红薯本身的甜度添加糖粉来调节（制作好的红薯馅要顺滑柔软，如果馅料过于稠厚，可加少许牛奶调整；如过于稀软，要在不粘锅中炒制以蒸发一小部分水分）（图7~8）。

⑧ 蛋糕片从烤箱取出，立即从20厘米高处摔在台面上以震出底部热气，连同烤盘放置在晾网晾至微温，倒扣在一张油纸上脱模，将蛋糕片两边切割整齐（图9）。

⑨ 翻面后将烘焙上色的一面朝上，均匀涂抹红薯馅，起始端（切割整齐的一端）略厚，尾端薄薄涂抹一层即可（图10）。

⑩ 用一只擀面杖卷起起始端的油纸，顺势将蛋糕片提起并下压，注意擀面杖是压在蛋糕片起始边的外侧（图11）。

⑪ 提起油纸，慢慢卷动擀面杖，让蛋糕卷顺势卷起，直到收尾处。注意一定要将收尾的一边置于蛋糕卷的中间位置这样才够漂

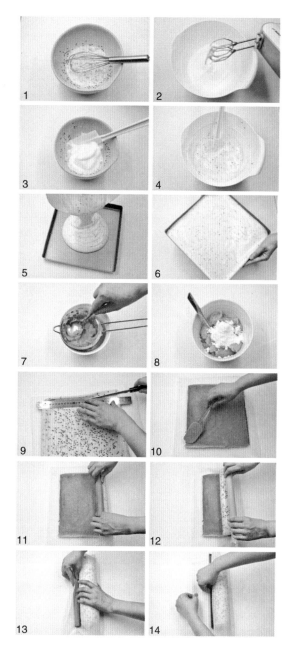

亮，也能将底边压在蛋糕卷的底部不容易松动（图12~13）。

⑫ 想要蛋糕卷更加紧致饱满，可以用一只钢尺，压在上面的油纸上塞入蛋糕卷下侧，连同油纸拉起，同时另一只手拉紧下端油纸，共同施力使蛋糕卷更加紧实。（图14）。

A
蛋黄……4 只
细砂糖……10 克
色拉油……40 克
牛奶……40 克
低粉……40 克

B
蛋白……4 只
细砂糖……30 克
柠檬汁……少许

奶油馅
淡奶油……250 克
细砂糖……20 克

烘焙（Baking）

175℃，上下火，中层，
20 分钟

准备（Preparation）

· 低粉过筛。
· 蛋白蛋黄分离后，蛋
白冷冻至边缘结薄冰。

戚风蛋糕卷 （28 厘米 × 28 厘米正方形烤盘）

制作步骤（Steps）

① 按照戚风蛋糕的制作过程，将蛋黄蛋白分
离后，蛋白置冷冻室备用。先来制作蛋
黄糊，按照蛋黄、细砂糖、色拉油、牛奶、
低粉顺序依次混合搅拌均匀，尤其注意加色
拉油后要充分乳化（图 1~6）。

② 将冷冻至周围有些许薄冰的蛋白取出，加入少许柠檬汁开始打发。中途分 3 次加入细砂糖，保持中速打发至湿性略过一点的状态（图 7）。

③ 取 1/3 蛋白霜与蛋黄糊混合翻拌均匀。将混合均匀的蛋黄糊倒入剩余蛋白霜中翻拌均匀。完成的蛋糕糊从 30 厘米高处倒入烤盘。端起烤盘分别向四角倾斜，使面糊流动至每个角落。面糊平整后将烤盘摔在桌面上震模一次，入预热好的烤箱烘烤（图 8~10）。

④ 蛋糕出炉后从 30 厘米高处摔在桌面上，震出底部热气，连同烤盘置于晾网上晾凉（图 11）。

⑤ 淡奶油加细砂糖，隔冰水打发（图 12）。

⑥ 将晾至微温的蛋糕片倒扣脱模，底面朝上放置在一张干净的油纸上。切去上下不整齐的两边，抹上打发奶油，起始端要厚一点，收尾的一端只需薄薄的一层（图 13）。

⑦ 用擀面杖卷起起始端的油纸，向上提起。将擀面杖施力在蛋糕片的边缘，轻轻下压（图 14）。

⑧ 慢慢卷动擀面杖并顺势提起油纸，借助油纸将蛋糕片自然向前推动卷起，直到收尾处。将擀面杖下压，注意蛋糕片收尾的一边要压在蛋糕卷的中间，这样才会漂亮（图 15~16）。

⑨ 用一只钢尺压在上层的油纸上，将隔着油纸的钢尺塞在蛋糕卷底部，一只手拉起下层油纸，一只手借助钢尺压紧上层油纸轻轻施力，将蛋糕卷卷得更加紧致饱满（图 17）。

⑩ 整理好的蛋糕卷用油纸包起后冷藏定型（图 18）。

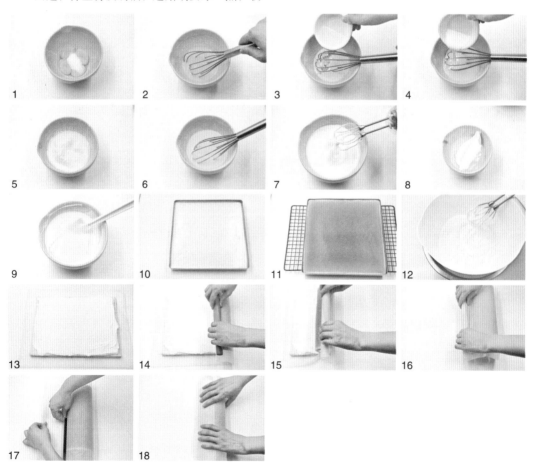

层层的抹茶蛋糕卷起雪白柔滑的奶油，
形成美好的切面和融为一体的口感！

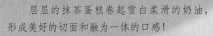

抹茶漩涡蛋糕

（25 厘米 ×35 厘米长方形烤盘）

用料（Ingredients）

蛋……4 只
细砂糖……85 克
抹茶……7 克
低粉……70 克
牛奶……20 克
黄油……20 克
淡奶油……300 克
细砂糖……20 克

准备（Preparation）

· 抹茶过筛后混合低粉，过筛一次，备用。
· 牛奶和黄油加热至黄油融化后保温。
· 淡奶油和细砂糖打发，冷藏备用。

制作步骤（Steps）

① 4 只全蛋加细砂糖，隔温水打发至滴落的
　蛋糊不易消失的状态（图 1）。

② 分两次筛入低粉和抹茶混合物，每次都用
　手动打蛋器翻拌均匀（图 2~3）。

③ 将温热的牛奶和黄油搅拌均匀，沿盆壁淋
　入蛋糕糊中（图 4）。

④ 用刮刀翻拌均匀（图 5）。

⑤ 入模后端起烤盘，向四角倾斜使面糊平整。
　入炉前在桌面震几下，磕出气泡（图 6）。

⑥ 出炉后立即从 30 厘米高处将蛋糕盘摔在
　桌面上，震出内部热气，然后放置在网架
　上（图 7）。

⑦ 当蛋糕盘晾至不烫手时，用脱模刀将四壁
　粘连的部分划开，倒扣在一张油纸上（图
　8）。

⑧ 将蛋糕片纵向切成 6 条，每条约 4 厘米宽
　（图 9）。

⑨ 将一半的打发奶油均匀地涂抹在蛋糕片上
　（图 10）。

⑩ 一条接一条首尾相连地将蛋糕片卷起（图
　11）。

⑪ 最后的收口处斜切一下做为收尾（图 12）。

⑫ 用剩余的奶油将蛋糕表面抹平，也可以用
　勺子做出简单的纹理，冷藏定型后切块享
　用（图 13）。

烘焙（Baking）

180℃，上下火，中层，10 分钟

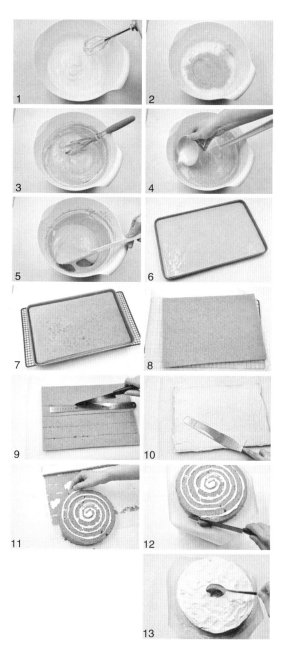

舒芙蕾蛋糕卷因为有大量的蛋黄加入，口味格外香浓。

舒芙蕾蛋糕卷

（25厘米 ×35厘米长方形烤盘）

用料（Ingredients）

A
| 蛋黄……114 克 |
| 细砂糖……30 克 |

奶油馅
淡奶油……250 克
细砂糖……17 克

B
| 蛋白……138 克 |
| 细砂糖……60 克 |
| 低粉……60 克 |

C
| 黄油……15 克 |
| 牛奶……35 克 |

制作步骤（Steps）

① A 料中的蛋黄和细砂糖混合，打发至颜色发白（图 1~2）。

② B 料中的蛋白分 3 次加入细砂糖，打发至湿性（图 3）。

③ 取 1/3 打发的蛋白霜与蛋黄糊略微混合（图 4）。

④ 一次性筛入低粉并翻拌均匀（图 5~6）。

⑤ 将蛋黄糊倒回剩余的蛋白霜中，翻拌均匀（图 7~8）。

⑥ 将温热的黄油和牛奶搅拌均匀，沿盆壁淋入蛋糕糊中，翻拌均匀（图 9）。

⑦ 完成的蛋糕糊从高处倒入模具中，端起烤盘分别向四角倾斜，使蛋糕糊平整后震模两次，入预热好的烤箱烘烤（图 10）。

⑧ 出炉后立即从 30 厘米高处摔在操作台上，以震出模底的热气。将蛋糕连同垫纸顺势拖出，置于晾网上。将四周的垫纸揭开散热，待蛋糕卷微温时取另一片干净的油纸覆在蛋糕表面，翻转过来。蛋糕片散热后卷入打发奶油，冷藏定型（图 11）。

烘焙（Baking）

180℃，上下火，中层，15 分钟

准备（Preparation）

· 烤盘垫油纸。
· C 料隔水融化，保持温度在 70℃左右。

日式棉花卷 （25 厘米 ×35 厘米长方形烤盘）

用料（Ingredients）	烘焙（Baking）
黄油……50 克 低粉……65 克 牛奶……65 克 蛋……5 只 细砂糖……65 克 奶油馅 淡奶油……250 克 细砂糖……17 克	170℃，上下火，中层，20 分钟 准备（Preparation） ·将 5 只鸡蛋分为 4 只蛋黄和 1 只全蛋为 一份，打散备用。剩余的 4 只蛋白为一份。

制作步骤（Steps）

① 将黄油切小块，用小锅加热至沸腾（图1）。

② 立即关火，将过筛的低粉倒入黄油中（图2）。

③ 将低粉和黄油略微拌至没有干粉即可（图3）。

④ 将分出的4只蛋黄和1只全蛋打散（图4）。

⑤ 牛奶用小火加热至60℃（图5）。

⑥ 将热的牛奶缓慢倒入打散的蛋黄液中，保持不停搅拌以免将蛋液烫熟（图6）。

⑦ 将温热的牛奶蛋黄液少量多次加入黄油面糊中，每次都混合至完全吸收（图7）。

⑧ 完成的蛋黄糊应该完全乳化，质地均匀（图8）。

⑨ 将4只蛋白分3次加入细砂糖，打发至呈鸟嘴状（图9）。

⑩ 取1/3蛋白霜与蛋黄糊混合均匀（图10）。

⑪ 将混合好的蛋黄糊倒入剩余蛋白霜中混合均匀（图11~12）。

⑫ 完成的面糊入烤盘，震模两次，入炉烘烤（图13）。

⑬ 蛋糕出炉后立即从30厘米高处摔在操作台上，以震出模底的热气。将蛋糕连同垫纸，顺势拖出置于晾网上，将四周的垫纸揭开散热。待蛋糕卷微温时另取一片干净的油纸，覆在蛋糕表面并翻转过来。揭掉底部油纸，切除两端不平整的部分，涂抹打发奶油，卷起冷藏（图14）。

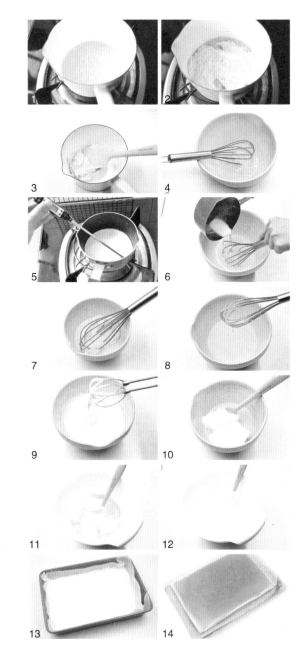

第九章

泡芙 · 挞

Puff & Tart

泡芙，拥有酥脆的外壳和多变的馅料，无论是经典的香草奶油、生奶油和水果的搭配，还是使用蔬菜、肉类做为夹心的咸泡芙，百变的口味和造型都为大家所喜爱。

大家一定会很奇怪并担心——它是怎么从一小团面糊膨胀成那么大只的泡芙呢？它会不会塌掉？它会不会不能鼓起来？

不用担心，只要掌握了下面一些重点，你也可以做出完美的泡芙！然后就是随心所欲地搭配它了！

1 关于泡芙生坯的原料

泡芙原料中的糖和盐用量极少，如果制作咸泡芙，可以去掉细砂糖；高筋粉因为筋度高所以更有利于膨胀，成品也会偏酥脆；也可使用普通的中筋面粉；而使用低筋粉制作的泡芙相对偏柔软。本书给出的基础泡芙配方，鸡蛋都是整只。由于鸡蛋大小的不同，在最后加入时要少量多次，密切观察面糊的状态。如果蛋液没有完全用完，面糊已经呈"倒三角状"，那么就不需要再加。如果全部加完后面糊仍然非常稠厚，那么要适量再添加一小部分蛋液。最终的面糊要以标准的"倒三角"状态为准。太干的面糊会阻碍泡芙膨胀，造成体积不大、表皮较厚、内部空洞小；而太湿的面糊因为含水量过大，不容易烤干，从而导致成品扁塌、表皮不酥脆且容易塌陷。

2 泡芙为什么会膨胀并形成空心？

泡芙之所以能够通过高温膨胀并形成大的空腔，是由于烫熟的面粉糊化后吸收大量水分，而坯内的水分在高温下蒸发产生膨胀所致。因此，将面粉烫熟是第一步，而后期加入全蛋液后要充分搅拌使面糊起筋，才能制作出外壳酥脆、内膜更薄、空腔更大的泡芙。

3 烤制的温度和时间

根据泡芙的膨胀特点，可以采用高温使其膨胀后转中温烘烤成熟的办法，这样烤制的泡芙体形会格外饱满。可以参考用上下火 210℃烘烤 10~15 分钟，待泡芙完全膨胀后转为 180℃烘烤 15~20 分钟。具体要根据泡芙的大小灵活掌握，成品烤到轻微着色即可，中途切不可打开烤箱门。

4 最佳品尝时间

出炉后立即夹入新鲜的食材品尝最为美味。如果不马上食用，请不要急着填馅料，因为水分渗入后会影响泡芙的酥脆。可以将馅料制作好冷藏，吃的时候再组合。

用冰激凌来做泡芙的夹馅也十分美味。

冰激凌泡芙

* 挤好的泡芙生坯入炉前可以刷全蛋液使其烤制出漂亮的金黄色，如果喜欢素坯，入炉前可在生坯上喷水
* 制作好的香草奶油馅冷藏后使用口感更好，可以用刀横向剖开泡芙夹馅，也可用泡芙花嘴从泡芙底部注入馅料

香草奶油泡芙

最基本的香草卡仕达泡芙是甜泡芙的经典，酥酥的外壳，冷藏后清凉爽滑的香草卡仕达奶油尤如冰激凌般的美妙。

用料（Ingredients）

泡芙原料

水……90 毫升
黄油……45 克
盐……1 克
糖……3 克
高筋粉……60 克
全蛋……2 只

香草奶油馅

牛奶……100 克
香草荚……1/4 根
蛋黄……2 只
细砂糖……20 克
低粉……5 克
玉米淀粉……5 克
淡奶油……100 克
细砂糖……10 克

烘焙（Baking）

210℃，上下火，中层，烘烤 10~15 分钟，待泡芙完全膨胀后转为 180℃，烘烤 15~20 分钟

制作泡芙步骤（Steps）

① 将水、黄油、盐、糖入小锅中，以中火加热至沸腾，立即关火（图1）。

② 一次性倒入过筛的高粉并用刮刀拌匀（图2~3）。

③ 重新开小火加热面团，边加热边不停从底部铲起，直至锅底出现一层薄膜时离火（图4）。

④ 待面团微温时，将2只全蛋打散，少量多次地加入面团中，每次都用刮刀拌至吸收（图5）。

⑤ 当提起刮刀，面糊呈倒三角形状时面糊完成，此时如果还有剩余的蛋液也不要再加入（图6）。

⑥ 用圆形花嘴将面糊在烤盘上挤出大小一致的生坯，中间要留有5厘米左右间距（图7）。

⑦ 用沾过水的叉子将生坯的尖角压平，入预热好的烤箱烘烤（图8）。

制作香草奶油馅步骤（Steps）

① 将蛋黄加入细砂糖打散，筛入低粉和玉米淀粉混合均匀（图1）。

② 将香草籽取出连同香草荚一起和牛奶煮至微沸（图2）。

③ 去除香草荚，将热的牛奶缓缓注入蛋黄中，保持不停搅拌（图3）。

④ 混合的牛奶蛋黄糊重新小火加热，不停搅拌至浓稠状离火（图4）。

⑤ 将淡奶油加细砂糖打发（图5）。

⑥ 将完成的卡仕达奶油与打发奶油混合搅拌均匀即可（图6）。

用料（Ingredients）

巧克力脆皮原料
黑巧克力（70%）……100 克
水……50 毫升
细砂糖……40 克

准备（Preparation）

·制作一份香草奶油泡芙。

巧克力脆皮泡芙

制作步骤（Steps）

① 砂糖和水煮沸，可适当多煮一会儿，让水分蒸发一些（图1）。

② 黑巧克力隔水融化（图2）。

③ 将煮好的糖水倒入巧克力中（图3）。

④ 搅拌均匀后离火（图4）。

⑤ 将香草奶油馅从泡芙的底部或表面裂开的地方挤入（图5）。

⑥ 挤好夹馅的泡芙在温热的巧克力中沾满2/3，放置在晾网上，待巧克力凝固（图6）。

⑦ 可以筛少许糖粉，也可以用糖珠进行装饰（图7）。

用曲奇面糊制作的巧克力酥皮随着泡芙的膨胀裂出美丽的花纹。有着酥皮的泡芙外壳更加酥脆。

巧克力酥皮泡芙

用料 (Ingredients)

泡芙原料
水……90 克
黄油……45 克
盐……1 克
糖……3 克
高筋粉……55 克
可可粉……5 克
全蛋……2 只

巧克力酥皮原料
黄油……38 克
糖粉……40 克
低粉……45 克
可可粉……5 克

烘焙 (Baking)

210℃，上下火，中层，烘烤 10~15 分钟，待泡芙完全膨胀后转为 180℃，烘烤 15~20 分钟

制作酥皮步骤（Steps）

① 软化黄油和糖粉混合后打发（图1）。

② 将可可粉和低粉混合筛入（图2）。

③ 用刮刀翻拌均匀（图3）。

④ 将面团装入保鲜袋，用擀面杖擀成0.2~0.3厘米的薄片，冷藏备用（图4）。

⑤ 将冷藏（或冷冻）定形的面片取出，剪开保鲜袋，用压模压出合适的大小（要略大于泡芙生坯的直径），边角部分混合后再次擀开重复操作，压好的酥皮冷藏备用（图5）。

制作泡芙步骤（Steps）

① 将水、黄油、盐、糖在小锅中以中火加热至沸腾，立即关火（图1）。

② 一次性倒入过筛的高粉和可可粉，用刮刀拌匀（图2）。

③ 重新开小火加热面团，边加热边不停从底部铲起，直至锅底出现一层薄膜时离火（图3）。

④ 待面团微温时，将2只全蛋打散，少量多次地加入面团中，每次都用刮刀拌至吸收（图4）。

⑤ 当提起刮刀，面糊呈倒三角形状时面糊完成，此时如果还有剩余的蛋液也不要再加入（图5）。

⑥ 用圆形花嘴将面糊挤在烤盘上，将冷藏的酥皮盖在生坯上，入预热的烤箱中层烘烤（图6）。

⑦ 出炉的泡芙晾凉，用泡芙花嘴从底部挤入香草奶油馅（图7）。

抹茶卡仕达酱有着抹茶浓郁的清苦与醇厚，搭配少许打发奶油，清爽而不腻口。

抹茶泡芙

抹茶卡仕达酱用料（Ingredients）

A	蛋黄……2 只 抹茶……3.5 克 低粉……12 克	**C**	黄油……30 克 淡奶油……100 克 细砂糖……8 克
B	牛奶……166 克 细砂糖……23 克		

准备（Preparation）

·按照 p.160"香草奶油泡芙"的做法制作一份泡芙。

制作步骤（Steps）

① 将蛋黄打散（图 1）。

② 筛入抹茶搅拌均匀（图 2）。

③ 筛入低粉搅拌均匀（图 3~4）。

④ 将牛奶加细砂糖煮至微沸（图 5）。

⑤ 将热的牛奶缓缓倒入蛋黄抹茶糊中，一边倒一边不停搅拌（图 6）。

⑥ 全部混合均匀后，倒回锅中（图 7）。

⑦ 开小火边加热边搅拌至浓稠状时关火，趁热加入黄油，搅拌至黄油吸收（图 8）。

⑧ 将完成的卡仕达酱过筛入深盘中（图 9）。

⑨ 如不及时使用，可用保鲜膜直接覆在卡仕达酱的表面，贴合紧密可冷藏 4 天。使用前取出搅拌顺滑即可（图 10）。

⑩ 取烤制好的泡芙横向剖开（图 11）。

⑪ 挤上抹茶卡仕达酱（图 12）。

⑫ 再挤一层打发的鲜奶油（图 13）。

迷你脆糖泡芙

将基础泡芙面糊中的面粉换为高筋粉，可以使泡芙变得更加酥脆，制作成硬币大小的迷你泡芙，表面刷上蛋液并沾满珍珠糖，一粒一粒的即使不用夹馅也十分美味！

迷你泡芙要注意控制温度和时间，根据挤出面坯的大小，以210℃高温烤至泡芙充分膨胀，转180℃烤15-20分钟至上色定型。

基础挞皮的制作及整形

用料（Ingredients）

低粉……210 克
细砂糖……55 克
黄油……130 克
蛋黄……1 只
水……10 克
香草精适量

准备（Preparation）

黄油切均匀的小块，冷冻备用。

制作步骤（Steps）

① 将蛋黄、水、香草精混合搅拌均匀（图 1~2）。

② 低粉、细砂糖和黄油一同放入料理机，搅打成细碎的颗粒状（图 3~4）。

③ 混合好的黄油和粉类倒在搅拌碗里，将第 2 步混合好的液体倒在中间（图 5）。

④ 用刮板略微混合成大的片状（图 6）。

⑤ 一边用刮板辅助，一边用手将面团抓成团，不要过度揉捏，成团即可（图 7~8）。

⑥ 将面团装入保鲜袋，隔着保鲜袋略微按压均匀，擀开成均匀的厚片，冷藏 30 分钟，松弛后使用（图 9~10）。

整形

⑦ 取出所需分量的面团，上下各垫一层油纸，擀成 0.4 厘米左右厚度、略大于模具的薄片（图 11）。

⑧ 用擀面杖卷起面皮盖在挞模上，以手指按压面皮，使其与模具底部及边缘紧密贴合。用擀面杖擀压去掉多余部分（图 12~14）。

⑨ 用拇指指腹将四周的挞皮整理至厚薄均匀一致，将底部挞皮推至与挞模完全贴合（图 15~16）。

⑩ 整形好的挞皮至少冷藏松弛 1 小时，否则很容易回缩。如果使用生挞皮连同馅料同烤，就用叉子在内部叉满小孔，防止烘烤过程中底部隆起（图 17）。

⑪ 如果使用熟挞皮，则要在挞皮上垫上油纸并铺满烤石或其他重物，以 180℃、上下火，置于中层烘烤至边缘上色，取下烤石及垫纸，继续入炉烤至底部呈金黄色。为了避免馅料会浸透挞皮影响酥脆口感，可在烤好的挞皮内部刷 3 层全蛋液，回炉烘烤 3 分钟使其凝固，再加制作好的馅料（图 18~20）。

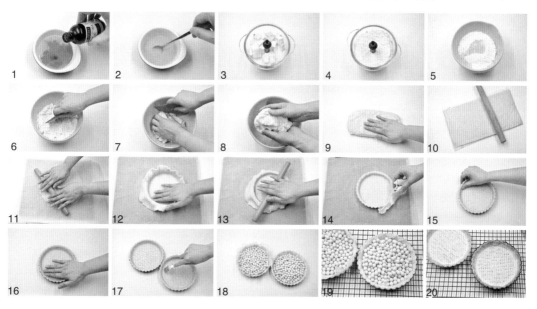

浓郁的奶酪和香草味道、新鲜的草莓、酥脆的挞皮，
让人怎能不爱你！

用料（Ingredients）

甜挞皮……200 克

奶油奶酪……120 克
细砂糖……38 克
全蛋液……48 克
低粉……24 克
淡奶油……72 克
牛奶……135 克
香草……1/4 枝

烘焙（Baking）

170℃，上下火，中层，10 分钟，转 160℃ 15
分钟

准备（Preparation）

· 奶油奶酪室温软化。
· 取一份甜挞皮面团依照 p.169 的做法整形并烘烤
　至金黄色，备用。

草莓乳酪挞

直径 18 厘米圆形挞

制作步骤（Steps）

① 将香草籽取出，混合牛奶煮沸，加盖焖30分钟，使香草的味道融合在牛奶中（图1）。

② 奶油奶酪软化，加入细砂糖搅拌均匀（图2）。

③ 加入打散的全蛋液搅拌均匀（图3）。

④ 加入过筛的低粉搅拌均匀（图4）。

⑤ 加入淡奶油搅拌均匀（图5）。

⑥ 最后加入香草牛奶搅拌均匀（图6）。

⑦ 制作好的挞馅应该是顺滑细腻无颗粒的，将其冷藏1小时后使用（图7）。

⑧ 将冷藏的乳酪馅倒入烤好的挞皮至九分满，入炉烘烤（图8）。

⑨ 出炉晾凉后脱模冷藏，食用前装饰草莓或其他喜欢的水果（图9）。

酸甜的柠檬和乳酪非常清爽，迷你小身材方便适口。

迷你柠檬乳酪挞

（直径 4.5 厘米，12 连麦芬模）

用料（Ingredients）

甜挞皮 ……230 克

奶油奶酪 ……50 克
糖粉 …… 35 克
蜂蜜 …… 25 克
全蛋液 ……30 克
柠檬皮屑 …… 3 克
柠檬汁……10 克

烘焙（Baking）

第一次：175℃，上下火，中层，10 分钟
第二次：175℃，上下火，中层，10 分钟

准备（Preparation）

· 奶油奶酪室温软化。
· 柠檬用盐搓洗表皮，擦干水分刨出皮屑，
  挤出柠檬汁。

制作步骤（Steps）

① 将挞皮上下各铺一张油纸，擀成 0.2
  厘米左右厚度的薄片（图 1）。

② 用一只略大于模具的慕斯圈将面片
  分割出圆形（图 2）。

③ 将面片铺入模具，按压饼皮使其厚
  薄均匀（图 3）。

④ 用小叉子将底部刺小孔防止烘烤时
  鼓起，入预热好的烤箱进行第一次
  烘烤（图 4）。

⑤ 制作柠檬乳酪馅：将软化的奶油奶
  酪加入糖粉和蜂蜜搅拌顺滑（图 5）。

⑥ 加入打散的全蛋液搅拌均匀（图 6）。

⑦ 加入柠檬皮屑和柠檬汁搅拌均匀即
  成（图 7）。

⑧ 取出烤好的挞皮，将柠檬乳酪馅用
  裱花袋挤入九分满，入炉继续烘烤
  10 分钟出炉（图 8）。

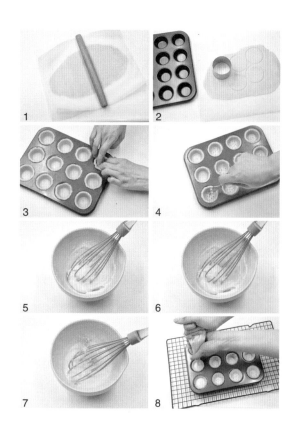

用料（Ingredients）

甜挞皮……280 克

黄油……60 克
细砂糖……100 克
淡奶油……12 克
鸡蛋……2 只
椰蓉……90 克
奶粉……25 克

烘焙（Baking）

180℃，上下火，中层，15 分钟，上色后
转 150℃烤 25 分钟

* 可以使用菊花模或蛋挞模来制作。

* 制作椰蓉馅时所有原料依次混合均匀即可，有稍许油水分离也不会
  影响。最终加入椰蓉后要充分搅拌，使椰蓉将液体材料吸收进去。

* 椰蓉很容易上色，以高温烘烤至表面呈浅金黄色，立即转为低温，
  慢慢烤制成熟。

台式椰子挞

制作步骤（Steps）

① 挞皮面团切割成小份，每份单独擀开至
0.4 厘米厚度。将挞皮盖在模具上，用指
腹将底部按压贴合（图1）。

② 用塑料刮板将多余挞皮切掉（图2）。

③ 所有挞皮整形后，冷藏松弛 30 分钟后使
用（图3）。

④ 松弛挞皮的时间可以来制作椰蓉馅，按原料
顺序将软化黄油加细砂糖搅拌均匀，依次
加入淡奶油、打散的蛋液，最后加入椰蓉
和奶粉混合即可（图4）。

⑤ 将制作好的椰蓉馅装入模具至八分满，入炉
烘烤（图5）。

杏仁挞

酥脆的挞皮，蓬松浓郁的杏仁酱，基础杏仁挞还可以用来搭配各种水果素材哦！

（直径 20 厘米圆形挞 1 只）

* 这里分享的是基础杏仁挞，也可以在挤入杏仁酱后，将莓果、切片香蕉等食材摆放在表面。烤制过程中随着杏仁酱的膨胀而融合在一起。
* 出炉的杏仁挞可用杏桃果酱刷面或撒糖粉进行装饰。

用料（Ingredients）

甜挞皮……300 克左右

黄油……100 克
香草精……少许
糖粉……80 克
蛋……2 只
杏仁粉……90 克
低粉……15 克
奶粉……10 克

烘焙（Baking）

180℃，上下火，中层，20 分钟，烤至上色后转150℃烤 25~30 分钟，至表面金黄

准备（Preparation）

· 取一份甜挞皮面团依照 p.169 页的做法压入挞模整型。并在底部叉孔后冷藏松驰 30 分钟，备用。
· 黄油软化。
· 杏仁粉、低粉、奶粉混合过筛。

制作步骤（Steps）

① 黄油软化后加糖粉和香草精打发至膨松发白（图1）。

② 分4~5次加入打散的蛋液，每次都要搅拌至完全吸收（图2、3）。

③ 将过筛的粉类材料一次加入，用刮刀混合均匀，冷藏2小时左右后使用（图4~5）。

④ 将杏仁酱以直径1厘米的圆形裱花嘴由挞皮中间向四周呈螺旋形挤出，用勺子的背面将杏仁酱抹平后，表面以杏仁片装饰后入炉（图6~8）。

底层是酥脆挞皮，中间是清爽香浓的起司，
表面是入口即化的松露巧克力

松露起司挞

（8 厘米 ×10 厘米长方形挞）

用料（Ingredients）

起司馅	松露巧克力
奶油奶酪……120 克	牛奶……15 克
细砂糖……28 克	淡奶油……15 克
吉利丁片……3.6 克	玉米糖浆……3 克
蛋黄……2 只	黑巧克力……55 克
淡奶油……60 克	软化黄油……5 克
柠檬汁……6 克	
	甜挞皮……170 克左右

准备（Preparation）

· 奶油奶酪软化，备用。
· 吉利丁片以 3 倍的冷水泡软，备用。
· 淡奶油打至略有纹路冷藏，备用。

制作步骤（Steps）

① 取一份甜挞皮面团依照 p.169 的做法压入挞模整型，冷藏松驰后垫油纸，压重石，以180℃、上下火、中层烤至边缘上色，取下烤石继续烘烤至底部金黄，备用（图 1~2）。

② 奶油奶酪加细砂糖搅拌顺滑（图 3）。

③ 蛋黄隔水加温并不断搅拌至 82℃左右，体积膨松颜色发白（图 4）。

④ 软化的吉利丁片沥去水分，隔水融化（图 5）。

⑤ 将融化的吉利丁、打发并消毒的蛋黄、打发的淡奶油、柠檬汁依次加入奶油奶酪中，搅拌均匀（图 6~9）。

⑥ 完成的奶酪馅装入烤好的挞皮，冷藏定型（图 10）。

制作松露巧克力

⑦ 将牛奶、淡奶油加热至 80℃左右离火，立即加入玉米糖浆搅拌均匀（图 11）。

⑧ 趁热加入黑巧克力搅拌至顺滑（图 12）。

⑨ 加入软化黄油搅拌至完全吸收（图 13）。

⑩ 待巧克力略微晾凉，倒在已冷藏定型的起司上抹平表面，待其基本凝固后筛可可粉装饰（图 14~15）。

香蕉挞 <small>（直径 16 厘米圆形挞 2 只）</small>

用料（Ingredients）

甜挞皮……280 克

鸡蛋……2 只
细砂糖……72 克
杏仁粉……20 克
椰蓉……25 克
柠檬汁……少许
朗姆酒……少许
融化黄油……25 克
香蕉……2 只

烘焙（Baking）

170℃，上下火，中层，20 分钟

准备（Preparation）

· 取一份甜挞皮面团依照 p.169 的做法整形并
  烘烤至金黄色备用。
· 香蕉去皮切 0.8 厘米左右厚的片。

制作步骤（Steps）

① 将原料中除香蕉外的所有材料依次按顺序混合，搅拌均匀（图 1）。

② 完成的馅料倒入烤好的挞皮中，摆满切片的香蕉入炉烘烤（图 2）。

1

2

第十章

慕斯·布丁

— Mousse & Pudding —

布丁和慕斯虽说制作方法不同，但是相同的是爽滑细腻的口感。

1 什么是吉利丁?

吉利丁是一种由动物骨皮提炼出来的纯天然胶质，有使食材凝固的作用。吉利丁有片状和粉末状两种状态，二者的差异仅是物理状态的不同，使用时可等量互换。本书使用的是吉利丁片。

2 吉利丁使用前必须用水来浸泡吗?

以吉利丁片为例，使用前要先以3倍清水或白葡萄酒浸泡至充分吸收水分变软，如果水分吸收不充分，吉利丁将难以充分溶解。浸泡吉利丁时只能用室温的清水或冰水，不能用热水，用热水浸泡无法将吉利丁彻底泡透。想要为甜点增加更好的风味，也可以使用白葡萄酒来浸泡。

3 加入吉利丁的方法

如果原料液体已经是加温至50℃以上的，可将泡软的吉利丁直接沥水，加入搅拌就能完全溶解；而当原料液体不需要加温或温度低时，需要将泡软的吉利丁沥水后隔热水融化，再加入搅拌。这里需要说明，个别水果（如猕猴桃、木瓜等）中所含的酵素会分解吉利丁里的蛋白质，从而破坏其凝固能力，因此要将此类水果的果泥加热后使用。

4 吉利丁的溶解方法

隔热水融化的方法比较不容易加热过度，保持50℃左右的水温使吉利丁缓慢融化，以免温度过高破坏吉利丁的状态，使其失去凝固的能力。

5 吉利丁的适宜使用量

吉利丁的使用量因原料的不同及所需的口感各异。通常，以占原料（除去打发奶油，加入吉利丁液的那部分原料）总量的2%~3%为宜。加入的吉利丁少，口感会偏柔软；加入越多，口感越Q弹。

草莓牛奶慕斯

草莓慕斯原料　　　　**牛奶慕斯原料**

A
│ 草莓……150 克　　　　牛奶……200 克
│ 细砂糖……40 克　　　　淡奶油……90 克
│ 吉利丁……4 克　　　　细砂糖……30 克
│ 柠檬汁……1 大勺　　　香草荚……1/5 根
　　　　　　　　　　　　　吉利丁……4 克

B
│ 淡奶油……100 克
│ 牛奶……20 克

准备（Preparation）

·两份吉利丁片剪碎，分别用4倍量的水泡软。

制作步骤（Steps）

① 首先制作草莓慕斯。将新鲜草莓洗净沥水，用料理机打成泥（可以用粗一些的筛网过筛一次），加入细砂糖搅拌均匀（图1）。

② 取 1/3 量的草莓泥，隔着已经离火的热水加温，将泡软的吉利丁片捞出，与其混合搅拌至完全融化（图2）。

③ 将 2 份草莓泥混合均匀（图3）。

④ 加入 1 大勺柠檬汁搅拌均匀（图4）。

⑤ 将草莓慕斯液隔冰水降温并不断搅拌至浓稠状（也可冷藏降温，每隔10分钟左右取出搅拌一次）（图5）。

⑥ 将 B 料的淡奶油和牛奶混合，打发至有纹路（图6）。

1　2
3　4
5　6

⑦ 分 2 次将打发奶油与草莓慕斯糊混合（图 7~8）。

⑧ 将草莓慕斯液倒入杯中约 1/2 满的位置，冷藏备用（图 9）。

⑨ 接下来制作牛奶慕斯。将牛奶、淡奶油、细砂糖混合在小锅里。香草荚剖开取籽，并连同豆荚一起和牛奶混合（图 10）。

⑩ 将上一步混合的液体煮至微沸，细砂糖融化后略微降温（图 11）。

⑪ 泡软的吉利丁片捞出，与温热的牛奶混合并搅拌均匀（图 12）。

⑫ 将牛奶液过筛一次，同时滤掉香草荚的皮（图 13）。

⑬ 同样将完成的慕斯糊隔冰水或冷藏降温至浓稠状（图 14）。

⑭ 取出已经凝固的草莓慕斯，将牛奶慕斯用小勺轻轻舀在上层,冷藏凝固(图 15）。

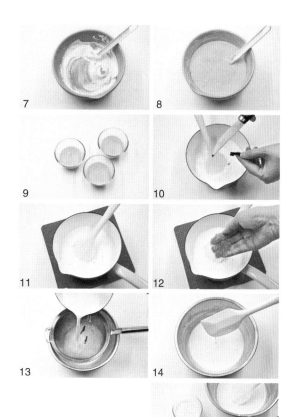

非常浓郁的奶油焦糖风味，因为
有蛋黄的加入，口味更加顺滑醇香。

焦糖慕斯

用料（Ingredients）

A
| 牛奶……80 克
| 蛋黄……2 只
| 细砂糖……20 克
| 吉利丁……2.6 克
| 奶油焦糖酱……35 克

B
| 淡奶油……80 克
| 牛奶……20 克

准备（Preparation）

· 吉利丁片剪碎，用 4 倍量的水泡软。

制作步骤（Steps）

① 将牛奶、蛋黄、细砂糖在小锅中搅拌均匀（图 1）。

② 中小火熬煮并用刮刀不停搅拌，直到用手指划过刮刀时有清淅的痕迹，关火（图 2）。

③ 将泡软的吉利丁捞出，加在蛋黄糊中搅拌至融化（图 3）。

④ 加入奶油焦糖酱搅拌均匀（图 4）。

⑤ 过筛一次（图 5）。

⑥ 浸泡冰水并不停搅拌，使其冷却直至呈黏稠状（图 6）。

⑦ 将 B 料中的牛奶和奶油混合，打发至有纹路（图 7）。

⑧ 分两次将焦糖蛋奶液与打发的奶油混合均匀（图 8）。

⑨ 完成的慕斯液倒入杯中，加盖冷藏至凝固，食用前再做装饰（图 9）。

* 奶油焦糖酱的制作方法见 p.251。在制作完成的奶油焦糖酱中加入盐之花海盐，风味更好。

清爽的抹茶慕斯，淡淡的清苦淡淡的甜。

抹茶慕斯

🧤 小贴士

　　抹茶粉末极细，加入水后最好可以用茶筅来混合均匀。如果没有的话就用手动打蛋器，一定要切实混合均匀，如有小的结块，可在第 5 步与牛奶蛋黄糊混合后过筛一次。

用料（Ingredients）

A
蛋黄……3 只
细砂糖……50 克
牛奶……170 克
吉利丁……4 克

B
水……20 毫升
抹茶……5 克

C
淡奶油……100 克
牛奶……20 克

准备（Preparation）

· 吉利丁片用 4 倍量的水泡软。

制作步骤（Steps）

① 蛋黄与细砂糖搅拌均匀，将煮至微沸的牛奶缓缓冲入蛋黄液中，不停搅拌（图 1）。

② 将混合均匀的牛奶蛋黄糊倒回小锅，继续中小火加热并不停搅拌至浓稠状，手指在刮刀上划过后可留下明显痕迹时即可（图 2）。

③ 趁热将泡软的吉利丁片沥水，加入蛋黄液中并搅拌至融化（图 3）。

④ 将 B 料中的抹茶过筛，加入水搅拌均匀（图 4）。

⑤ 将牛奶蛋黄糊与抹茶液体混合，搅拌均匀，隔冰水降温，备用（图 5-6）。

⑥ 将 C 料的淡奶油和牛奶混合打发至有纹路的状态即可（图 7）。

⑦ 待抹茶蛋黄糊变得浓稠时，分 3 次加入打发奶油并混合均匀（图 8~9）。

⑧ 完成的慕斯糊倒入杯中，冷藏 4 小时左右至凝固，食用前可装饰打发奶油和蜜红豆（图 10）。

迷人的香草味道一定会让你迷恋。

香草慕斯 （直径 15 厘米环形不粘圆模）

用料（Ingredients）

牛奶……150 克
香草棒……1/3 根
细砂糖……50 克
蛋黄……2 只
吉利丁……6 克
淡奶油……150 克

准备（Preparation）

· 吉利丁片用 4 倍量的凉水泡软。

制作步骤（Steps）

① 将香草纵向剖开，取香草籽混入牛奶中，加入一半量的细砂糖，煮至微沸（图 1）。

② 蛋黄加剩余半量细砂糖搅拌均匀（图 2）。

③ 热的牛奶缓缓冲入蛋黄，不停搅拌（图 3）。

④ 混合后的牛奶蛋黄液体重新倒回小锅，以中小火煮至浓稠（手指划过刮刀会留下清晰的痕迹），期间要不停搅拌以免煳底（图 4）。

⑤ 趁热将泡软的吉利丁沥水加入，搅拌至完全融化（图 5）。

⑥ 将完成的香草蛋黄糊隔冰水降温（图 6）。

⑦ 待香草蛋黄糊变得浓稠，用刮刀划过可以露出盆底的状态即可（图 7）。

⑧ 将淡奶油打发至有纹路即可（图 8）。

⑨ 香草蛋黄糊和打发奶油混合均匀（图 9）。

⑩ 入模后冷藏 4 小时以上至凝固，脱模时可取一盆温水将模具浸入（小心不要没过表面）片刻，用一只盘子倒扣在模具上，反转后取下模具即可（图 10）。

酸甜清爽的树莓，粉红梦幻的夏洛特，送给你爱的人吧！

粉红夏洛特 （直径 15 厘米环形不粘圆模）

用料（Ingredients）

手指饼干围边及松脆海绵饼底及夹层部分
鸡蛋……2 只
细砂糖……60 克
低粉……60 克
粉红色粉少许

树莓幕斯部分
树莓果泥……170 克
细砂糖……85 克
吉利丁……8 克
淡奶油……200 克

准备（Preparation）

· 吉利丁片用 4 倍量的水泡软。

制作步骤（Steps）

① 首先制作手指饼干围边及饼底。参考 p.73 "手指
饼干"的制作方法来制作两份面糊，一份为粉红
围边，一份为饼底及夹层。制作围边时，在打发
的蛋白中加入少许色粉做成粉红色手指饼干，注
意挤出的面糊之间要留有 0.5 厘米的空隙，这样
烤好后的围边才会清晰；另一份直接做原色，挤
成小于模具直径的两个圆形；面糊挤好后都要筛
厚厚的糖粉（图 1~4）。

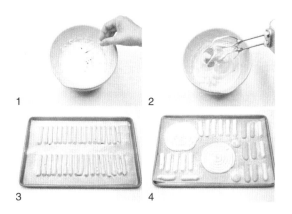

制作树莓慕斯

② 树莓用料理机打成果泥，过筛去籽
（图 5）。

③ 加入细砂糖搅拌至融化（图 6）。

④ 取一小部分果泥加入泡软的吉利丁，
隔热水加温至吉利丁完全融化（图
7~8）。

⑤ 将加入了吉利丁的这部分果泥倒回
剩余的果泥中，隔冰水搅拌至浓稠
（图 9）。

⑥ 淡奶油打发至有纹路（图 10）。

⑦ 果泥与打发奶油混合均匀，即成慕斯
糊（图 11~12）。

组装

⑧ 将围边用的粉红手指饼干截取合适的
长度，围在 6 寸圆模的内侧。将一个
饼底修剪后置于底部（图 13）。

⑨ 倒入一半慕斯糊（图 14）。

⑩ 取另一片饼底盖在慕斯糊上并轻轻压
实，不留空隙。将剩余的一半慕斯糊
倒入，并抹平表面，冷藏四小时以上
至凝固稍微装饰（图 15）。

5   6

7   8

9   10

11   12

13   14

15

黑巧克力、牛奶巧克力、白巧克力，口感的递进犹如完美的三重奏，在入口的一瞬间让你惊艳于它的美妙。

巧克力三重奏

用料（Ingredients）

发泡蛋浆原料	黑巧克力部分	欧蕾巧克力部分	白巧克力部分
蛋黄……70 克	70% 巧克力……40 克	38% 巧克力……50 克	白巧克力……68 克
水……23 克	淡奶油……133 克	淡奶油……120 克	淡奶油……133 克
细砂糖……85 克	发泡蛋浆……55 克	吉利丁……0.5 克	吉利丁……0.5 克
		发泡蛋浆……50 克	发泡蛋浆……45 克

准备（Preparation）

· 吉利丁片剪碎，分别用 4 倍量的水泡软。

制作步骤（Steps）

① 将发泡蛋浆中的所有原料混合搅拌均匀后，
微波高火每隔 30 秒取出搅拌一次，蛋糊变
得浓稠后，要缩短时间，每隔 3~5 秒钟搅拌
一次，直至蛋浆温度达到 82℃，呈现蓬松
的泡沫状时即可。此时将蛋浆搅拌顺滑，备
用（图 1 ）。

② 将 400 克淡奶油（三种慕斯所需用到的淡奶
油的总量）打发至有纹路的状态，备用（图 2 ）。

开始制作黑巧克力慕斯。

③ 将黑巧克力隔水（50℃）融化（图 3 ）。

④ 加入约 1/3(40 克)打发淡奶油混合均匀(图 4)。

⑤ 加入 55 克发泡蛋浆搅拌均匀（图 5 ）。

⑥ 加入剩余的 93 克打发淡奶油，混合均匀（图
6~7 ）。

⑦ 将完成的黑巧克力慕斯部分平铺在瓶底，冷
藏（图 8 ）。

接下来制作欧蕾巧克力慕斯。

⑧ 将牛奶巧克力隔水（50℃）融化（图9）。

⑨ 取约 1/3（40 克）打发淡奶油混合均匀（图 10）。

⑩ 加入泡软的吉利丁，重新隔水加温搅拌至 35℃左右，至吉利丁完全融化（图11）。

⑪ 加入 50 克发泡蛋浆搅拌均匀（图 12）。

⑫ 加入剩余的 80 克打发奶油搅拌均匀（图 13）。

⑬ 将完成的慕斯糊均匀平铺在已凝固的黑巧克力慕斯上，继续冷藏凝固（图14）。

⑭ 依照欧蕾巧克力慕斯的制作方法，制作白巧克力慕斯，并将完成的慕斯糊平铺于已凝固的欧蕾慕斯上层，冷藏至完全凝固即可（图 15）。

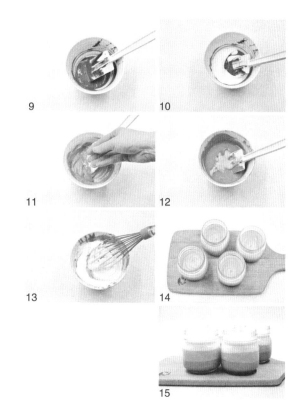

9
10
11
12
13
14
15

🧤 小贴士

* 制作发泡蛋浆时，用微波加热的方式为蛋黄消毒是最为快捷方便的操作方法。需要注意的是，中途要多次取出搅拌，才能使蛋黄充分均匀受热。可以用红外测温仪或食品温度计进行测温，没有的话可以观察蛋黄的状态，变得非常蓬松时即可完成。

* 在隔水融化巧克力时，要留意水的温度，不能过高。另外，巧克力的容器中不能有水分进入。巧克力与打发淡奶油混合时，一定要先加入 1/3 的量搅拌至完全乳化，再继续之后的操作，否则就可能造成分离。

* 这个配方的分量可以制作一只 6 寸慕斯。提前制作一个巧克力海绵蛋糕，并切出一片蛋糕片，垫在模具底部，然后依次叠加慕斯部分就可以。需要注意的是，无论用 6 寸模具还是玻璃瓶来制作，都应该在上一层慕斯基本凝固后，再铺下一层的慕斯糊，以免两种原料混合在一起。在使用玻璃瓶或慕斯杯来制作时，可将完成的慕斯糊用裱花袋装起来挤入杯中，比较容易把握。

提拉米苏
（手指饼干版）

提拉米苏的风味，除了优质的奶酪，很大程度上也取决于咖啡的质量。那种浓郁的优质黑咖啡最能衬出马斯卡彭的香柔。

用料（Ingredients）

A
马斯卡彭奶酪……150 克
淡奶油……230 克
蛋黄……2 只
细砂糖……60 克
水……25 克
吉利丁……3 克

B
浓缩咖啡液……35 克
咖啡酒……10 克
细砂糖……15

C
手指饼干一份
可可粉适量（装饰用）

准备（Preparation）

马斯卡彭奶酪软化。
吉利丁加 3 倍冷水泡软。

制作步骤（Steps）

① 按照 p.73 页的方法，制作一份手指饼干面糊。将面糊螺旋形挤出两个直径与模具大小一致的圆形，其余的挤成手指饼干形状，烤好后晾凉，备用（图 1）。

② 将 B 料混合均匀搅拌至砂糖融化，成为咖啡酒糖水，备用（图 2）。

③ 2 只蛋黄打散。25 克水和 60 克细砂糖煮至 115℃，一边缓缓倒入蛋黄，一边持续搅拌直至蛋黄膨松顺滑颜色发白（图 3~4）。

④ 马斯卡彭奶酪搅拌顺滑，加入蛋黄糊搅拌均匀（图 5~6）。

⑤ 泡软的吉利丁沥去水分，隔水融化至液态时，倒入奶酪糊中搅拌均匀（图 7~8）。

⑥ 淡奶油搅拌至有纹路（图 9）。

⑦ 将奶酪糊与打发奶油混合均匀（图 10）。

⑧ 取一片饼底垫入模具底部，刷一层咖啡酒糖水（图 11）。

⑨ 倒入一半奶酪糊（图 12）。

⑩ 放置第二片饼底并刷满满一层咖啡酒糖水（图 13）。

⑪ 倒入剩余奶酪糊，抹平表面，冷藏 4 小时以上至完全凝固（图 14）。

⑫ 取出凝固的蛋糕，筛上可可粉，用热毛巾捂着模具四壁加温后脱模，四周装饰手指饼干（图 15）。

❋ **小贴士**

* 为体现最纯正的咖啡风味，最好能磨咖啡豆制作浓缩咖啡。没有咖啡豆的话，要用纯咖啡粉加热水来制作，但不能使用三合一咖啡粉。

* 115℃的糖浆冲入蛋黄时可以起到杀菌作用，因此不必担心生蛋黄的使用。在这个过程中，左右手要配合好。糖浆冲入的同时，要用打蛋器及时搅拌开，以免沉底后凝固。糖浆切不可直接冲在打蛋头上，否则会使糖浆飞溅，烫伤自己或他人。

除了使用手指饼干和香脆海绵饼底来制作提拉米苏外，还可以使用咖啡海绵蛋糕做夹层来制作提拉米苏。因为蛋糕体使用了大量浓缩咖啡和咖啡粉，所以成品的咖啡风味更加浓郁，用它来制作软身版（不加吉利丁）提拉米苏，装在瓶子或杯子里来享用也别有风味。

提拉米苏（咖啡海绵蛋糕版）

咖啡海绵蛋糕用料（Ingredients）

鸡蛋……3只

细砂糖……75克

低粉……75克

浓缩咖啡……100克

速溶纯咖啡粉……25克

烘焙（Baking）

190℃，上下火，中层，12分钟

蛋糕体和咖啡酒糖水配方及制作方法同 p.198"手指饼干版提拉米苏"。

制作步骤（Steps）

① 将热的浓缩咖啡和速溶纯咖啡粉混合均匀，备用（图1）。

② 将3只鸡蛋的蛋黄和蛋白分离。将蛋白分3次加入细砂糖，打发至干性发泡（图2）。

③ 加入蛋黄中速搅拌均匀（图3）。

④ 加入第一步的浓缩咖啡液，继续中低速搅拌均匀（图4~5）。

⑤ 分2次筛入低粉翻拌均匀（图6~7）。

⑥ 完成的蛋糕糊倒入铺了油纸的烤盘，入炉烘烤（图8）。

⑦ 将烤好的蛋糕片切割成与模具大小一致的2片，取一片垫入底部，刷一层咖啡酒糖水（图9）。

⑧ 倒入一半奶酪糊（图10）。

⑨ 再放入一片蛋糕，刷咖啡酒糖水（图11）。

⑩ 倒入另一半奶酪糊，抹平表面，冷藏4小时以上使其凝固（图12）。

⑪ 筛上可可粉，脱模切块享用（图13）。

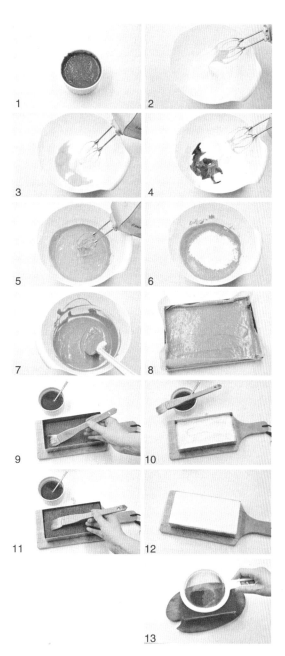

将咖啡海绵蛋糕用圆形慕斯模切成小圆片，原配方中的吉利丁一步省略，用来制作软身版瓶装提拉米苏，口感更顺滑。瓶子加盖后更方便携带和保存。

　　加入了蛋黄的巧克力布丁，味道更加浓郁香滑，
冷藏更美味！

巧克力布丁

用料（Ingredients）

蛋黄……60 克
细砂糖……20 克
牛奶……103 克
淡奶油……33 克
55% 巧克力……35 克

烘焙（Baking）

130℃，上下火，中层，45 分钟

制作步骤（Steps）

① 蛋黄加细砂糖搅拌均匀（图 1）。

② 将牛奶和淡奶油用小锅加热煮沸，
　一边缓缓倒入蛋黄中，一边不停搅
　拌（图 2）。

③ 巧克力隔 50℃左右热水融化，搅拌
　至均匀顺滑（图 3）。

④ 取少量温热（40℃左右）的牛奶蛋
　黄糊，与巧克力混合均匀（图 4）。

⑤ 将上一步的巧克力倒入剩余蛋黄糊
　中，搅拌均匀（图 5）。

⑥ 完成的布丁糊过筛一次，用小勺去
　除表面气泡，倒入耐烘焙玻璃杯中
　（图 6）。

⑦ 烤盘加热水，玻璃杯用锡纸包好，
　入预热的烤箱烘烤（图 7）。

 小贴士

出炉后自然晾凉，食用前将打发的奶油用勺子舀起，堆在布丁上即可。

嫩滑的香草布丁，无论大人孩子都喜欢。一定要使用天然香草哦。

香草布丁

用料（Ingredients）

牛奶……340 克
香草……1/3 支
砂糖……43 克
淡奶油……120 克
蛋黄……40 克
全蛋……20 克

烘焙（Baking）

水浴法，150℃，上下火，中下层，
60 分钟

制作步骤（Steps）

① 香草从中间纵向剖开，用刀尖取出
　香草籽，连同豆荚一起混合牛奶煮
　沸，加盖焖 5 分钟使香味释放（图
　1）。

② 将砂糖和淡奶油加入牛奶中搅拌均
　匀，加热到 80℃左右（图 2~3）。

③ 蛋黄和全蛋用手动打蛋器打散，注
　意不要搅拌出气泡（图 4）。

④ 煮好的牛奶缓缓倒入蛋液中，不断
　搅拌防止将蛋液烫熟（图 5）。

⑤ 完成的布丁糊过筛两次，如表面仍
　有气泡，可用纸巾吸除（图 6）。

⑥ 将倒入布丁糊的玻璃瓶置于注入热
　水的深盘中，入预热好的烤箱烘烤
　（图 7）。

南瓜布丁

用料（Ingredients）

南瓜……100 克
细砂糖……25 克
牛奶……40 克
淡奶油……35 克
蛋……1 只
肉桂粉……少许（可忽略）

烘焙（Baking）

160℃，上下火，中层，30 分钟

准备（Preparation）

·南瓜去皮切片，蒸熟后取 100 克，备用。

制作步骤（Steps）

① 所有材料称量在料理机中（图 1）。

② 用料理机搅拌成均匀的糊状，倒出静置 1 小时（图 2）。

③ 将静置的布丁液过筛一次，倒入耐热容器中（图 3）。

④ 预热的烤箱中层放一只深的烤盘，注入温水，将布丁碗包好锡纸置于水中入预热好的烤箱中层烘烤（图 4）。

第十一章

简单美味的小点心

Dessert Like Macaron,Madeline,Waffle, Whoopee Pie

马卡龙

用料（Ingredients）

TPT 面糊
杏仁粉······100 克
糖粉······100 克
老化蛋清······37.5 克（冷藏 2~14 天）

蛋白霜
新鲜蛋清······37.5 克
蛋白粉······0.5 克（可忽略）

糖浆
砂糖······100 克
水······25 克

烘焙（Baking）

方法一：结皮后的马卡龙饼坯直接入烤箱（无需预热）中层，设定温度为上下火、
　　　　170℃，烤至 4 分钟左右出裙边，转上下火、140℃，烤 8 分钟左右。

方法二：不结皮直接入预热 160℃的烤箱，中下层，12 分钟左右（视饼身大小）。

制作步骤（Steps）

① 将杏仁粉和糖粉分别过筛，用手动打蛋
   器混合均匀（图1~2）。

② 在杏仁粉中加入一份老化蛋清，备用（图
   3）。

③ 制作意式蛋白霜，将细砂糖和水称量在
   小锅里（图4）。

④ 中火加热糖浆至116℃~121℃（视空气
   湿度调整）（图5）。

⑤ 在加热糖浆的同时，将蛋白霜使用的
   一份新鲜蛋清加入蛋白粉（使蛋白更稳
   定），打发至干性（图6~7）。

⑥ 将煮好的糖浆立即缓缓倒入蛋白霜中，
   同时高速打发蛋白霜，直至糖浆完全加
   入（图8）。

⑦ 加入色粉，继续中速打发（图9）。

⑧ 待蛋白霜温度降至40℃以下时要停止搅
   拌，否则容易造成消泡（图10）。

⑨ 完成的意式蛋白霜要放至彻底晾凉才能
   使用（图11）。

⑩ 将TPT面糊和老化蛋清用刮刀切拌均匀，
   用力在盆壁抹压几次，使其更细腻。（图
   12）。

⑪ 取 1/3 晾凉的意式蛋白霜加入 TPT 面糊中,以切拌加抹压的方式混合均匀。(图13~14)。

⑫ 期间要将盆壁和刮刀上的面糊刮干净,以确保充分混合。混合不均匀的面糊容易造成歪裙边(图 15)。

⑬ 再取 1/3 意式蛋白霜加入面糊中,翻拌均匀,视面糊状态决定是否以抹压的方式使蛋白霜略微消泡(图 16~17)。

⑭ 加入最后一份意式蛋白霜,仍然以翻拌手法混合 25 次左右,直至面糊呈现细腻黏稠有光泽的状态,从高处落下犹如缎带般飘落(图 18)。

⑮ 裱花袋装入直径 0.8 厘米左右的圆形裱花嘴,装入面糊,在烤盘上均匀挤出直径 4 厘米左右的饼坯。要注意留有一定间距,以免膨胀后粘连(图 19)。

⑯ 挤好饼坯后要轻拍烤盘底部,震出面糊中的气泡,并用牙签挑破表面大的气泡(图 20)。

⑰ 挤好的饼坯自然静置,待饼皮表面变为哑光色,手指轻触表面不粘即可烤制(图 21~22)。

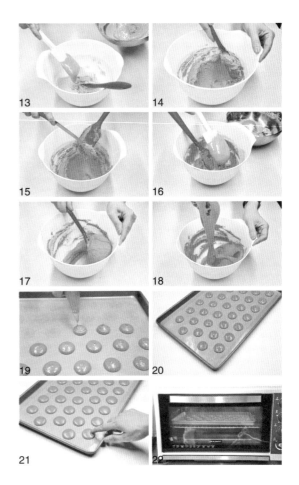

不同口味饼身的配方:

巧克力口味:将配方中的 100 克杏仁粉调整为"95 克杏仁粉 +5 克可可粉"。

抹茶口味: 将配方中的 100 克杏仁粉调整为"95 克杏仁粉 +5 克抹茶粉"。

红茶口味: 将配方中的 100 克杏仁粉调整为"95 克杏仁粉 +5 克红茶粉"。

咖啡口味: 将配方中的 100 克杏仁粉调整为"97 克杏仁粉 +3 克咖啡粉"。

空心基本是由三个方面因素造成的：一是蛋白霜自身不够坚挺稳定；二是外力过大破坏了气泡；三是没有足够的炉温和烤制时间让结构固化。

* 意式蛋白霜要使用新鲜的蛋白，稳定性好。

* 制作意式蛋白霜要使用大功率打蛋器高速搅拌，同时糖水要缓慢注入。蛋白霜降温到 40℃以下就不可以再搅拌，否则会破坏其稳定性。

* 搅拌面糊时不要过度消泡，面糊过稀容易空心。蛋白霜要分 3 次拌入，前两次充分拌，刮刀抹在盆壁上压，最后一次翻拌 25 次左右，至面糊呈不间断的飘带状。

* 合适的烤制温度并确保充分成熟，判断是否成熟的标准是手指轻推饼身，推不动了说明完全成熟。如果在裙边没有充分回缩的情况下就出炉，内部组织还没有完全定型，就会造成瞬间消泡出现空心。

* 如果使用烤箱低温烘烤结皮时，只需将烤箱预热至微温即可断电。结皮时温度过高也会形成空心或塌陷。

马卡龙的回潮：

马卡龙饼身和夹馅的厚度比例最好是 1：1：1，挤好夹馅后保鲜盒密封冷藏 24~48小时，待夹馅水分完全渗透进入饼身，才算回潮完毕。但是马卡龙回潮的时间并不是固定不变的，饼身最佳状态是外脆内软。如果不小心将饼身烤得过干，可通过夹入水分比较大的内馅来调节。

马卡龙的保存：

回潮好的马卡龙放入保鲜盒，入冰箱冷冻可保存 2 个月。

马卡龙怎么吃：

自冰箱冷藏室（4℃）取出，回温 5分钟后品尝；自冷冻室（0℃以下）取出，回温 15~20 分钟解冻后品尝。

空气湿度	糖水温度
75% 以下	116℃
75%–80%	117℃
80%–90%	118℃ –119℃
90% 以上	120℃ –121℃

马卡龙夹馅

　　马卡龙的壳制作完成后，通过饼身的配色和馅料的搭配来得到口感和视觉上的协调与平衡。这里简单介绍两个口味的夹馅供参考。

焦糖海盐用料（Ingredients）

淡奶油……168 克　　　软化黄油……145 克

细砂糖……150 克　　　盐之花海盐适量

淡盐黄油……33 克

制作步骤（Steps）

① 淡奶油煮沸后保温（图1）。

② 细砂糖分5次以上倒入奶锅，熬成焦糖色，期间可轻微搅拌（图2~3）。

③ 奶锅离火，加入淡盐黄油，用刮刀搅拌均匀（图4）。

④ 一点点地倒入热的淡奶油，全程不断搅拌（图5）

⑤ 完成的焦糖奶油重新加热至108℃，离火后迅速隔冷水降温（图6）。

⑥ 软化黄油打发至膨松发白，将彻底降温的奶油焦糖酱少量多次地加入，用手动打蛋器混合至顺滑，此时加入盐之花混合均匀即可使用（图7~8）。

⑦ 制作好的夹馅用圆形花嘴挤在饼皮中间，两片夹起后密封冷藏过夜，待回潮后方可享用（图9~10）。

基础法式奶油霜
用料（Ingredients）

黄油……250 克

水……50 毫升

砂糖……140 克

全蛋……2 个

蛋黄……2 个

制作步骤（Steps）

① 黄油软化后拌顺滑。

② 全蛋和蛋黄打发至膨松发白。

③ 水和砂糖煮至120℃，缓缓倒入打发蛋液中搅拌均匀，保持低速搅拌，直至完全冷却。

④ 将蛋液一点点加入黄油中搅拌顺滑，冷藏可保存3周。

 小贴士　＊如制作香草奶油霜，可在煮糖浆时加入香草籽。

　　＊基础法式奶油霜可以通过混合不同酱料、果泥和香精来变化不同的口味。例如100克奶油霜可混合20克榛子酱或开心果酱、30克果酱或新鲜果泥等。

柠檬、巧克力玛德琳

（20 连硅胶迷你玛德琳模 2 份）

用料（Ingredients）

柠檬玛德琳原料
鸡蛋······1 只
糖粉······60 克
柠檬皮屑······1/2 只
低粉······50 克
泡打粉······1 克
融化黄油······50 克

巧克力玛德琳原料
鸡蛋······1 只
糖粉······40 克
低粉······30 克
可可粉······5 克
泡打粉······1 克
黄油······30 克
巧克力······30 克

准备（Preparation）

· 粉类混合过筛。
· 黄油融化。

烘焙（Baking）

175℃，上下火，中层，12 分钟

制作步骤（Steps）

（以柠檬玛德琳为例）

① 鸡蛋加糖粉搅拌均匀（无需打发），
  加入柠檬皮屑（图1）。

② 筛入低粉和泡打粉搅拌均匀（图2）。

③ 倒入温热的融化黄油搅拌均匀
  （图3）。

④ 完成的面糊顺滑无颗粒，装入裱
  花袋中（图4）。

⑤ 将面糊挤入模具九分满，入炉（图
  5）。

 小贴士

＊ 制作巧克力玛德琳步骤相同，只需将低粉、可可粉、泡打
  粉混合过筛，在第2步加入；黄油和巧克力隔水融化，
  在第3加入即可。

抹茶玛德琳

（20 连硅胶迷你玛德琳模 2 份）

玛德琳也许是最简单最快手的小甜点了吧？从准备材料到入炉烤制，40 分钟就足够完成，但是它的味道却是一点儿也不逊色呢！加入了抹茶的玛德琳，有一种绿茶的清新，使用硅胶模具，蛋糕的底部不会上色太重，可以留住抹茶迷人的绿色。

用料（Ingredients）

A
- 鸡蛋……1 只
- 细砂糖……33 克
- 牛奶……15 克
- 蜂蜜……10 克

B
- 低粉……37 克
- 杏仁粉……13 克
- 抹茶粉……3 克
- 泡打粉……1.5 克

C 融化黄油……50 克

烘焙（Baking）

170℃，上下火，中层，12 分钟

准备（Preparation）

· B 料中的所有粉类过筛。
· 黄油微波或隔水融化。

制作步骤（Steps）

① A 料中的鸡蛋加细砂糖入盛器中，搅拌均匀（无须打发）（图 1）。

② 在蛋糊中加入牛奶和蜂蜜，搅拌均匀（图 2）。

③ 将 B 料中所有粉类材料混合过筛，筛入盛蛋糊的盛器中搅拌均匀（图 3）。

④ 将融化后温热的黄油倒入混合好的材料中，搅拌均匀（图 4~5）。

⑤ 将完成的面糊装入裱花袋中，前端剪开一个小口，挤入模具九分满入炉（图 6~7）。

小贴士

* 抹茶粉不同于一般的绿茶粉，抹茶的制作相当讲究，从茶叶的树种、质量、叶片大小、采摘时间到制作工艺都极为严格。品质越高的抹茶，色泽越浓绿、粉末越细腻、味道越清香。品质差的抹茶粉或绿茶粉会呈现"黄绿色"。

* 高品质的抹茶粉如果保存不得当，也会因为氧化而失去原有的色泽，所以抹茶一定要密封冷藏保存，长时间不用的抹茶粉可以冷冻，使用前自然恢复室温后再打开，以免结露受潮。

杏仁费南雪

（4.7厘米 ×9.5厘米长条形费南雪模7只）

用料（Ingredients）

A │ 蛋清……69 克
│ 玉米糖浆……1.5 克
│ 黄油……65 克

B │ 低粉……28 克
│ 杏仁粉……28 克
│ 细砂糖……70 克

烘焙（Baking）

210℃，上下火，中层，10 分钟，转 200℃ 5 分钟

准备（Preparation）

· 模具均匀地涂抹软化的黄油，冷藏备用。
· B 料中的所有粉类分别过筛。

制作步骤（Steps）

① B 料的低粉、杏仁粉分别过筛，和细砂糖混合均匀，备用（图 1）。

② 蛋清隔 60℃左右的温水加热至 40℃左右，搅打均匀（图 2）。

③ 将糖浆加热，取少量蛋白与其混合，倒回蛋白盆中搅拌均匀（图 3）。

④ 将 B 料的粉类倒入蛋白中搅拌均匀（图 4~5）。

⑤ 将黄油加热至呈褐色的焦化黄油（图 6）。

⑥ 用细密的筛网或咖啡滤纸过筛掉其中杂质（图 7）。

⑦ 将温热的焦化黄油加入面糊中搅拌 100 次，成均匀的面糊（图 8~9）。

⑧ 用勺子或裱花袋将面糊注入处理过的模具，至八分满，入预热的烤箱烘烤（图 10）。

小贴士

* 焦化黄油浓郁的香味非常突出，可通过加热时间来调整口感。但是注意，不要加热太过，时刻用小勺捞起黄油察看颜色，一旦到满意的程度，立即将小锅浸入冷水中降温。

抹茶费南雪

（4.7 厘米 ×9.5 厘米长方费南雪模 6 只）

用料（Ingredients）

A
蛋白……55 克
细砂糖……50 克
盐……0.5 克

B
抹茶……5 克
低粉……17 克
杏仁粉……27 克
黄油……55 克

制作步骤（Steps）

① A 料的蛋白加入盐和细砂糖，搅拌成浓稠状（不要打发，要以擦底的形式混合）（图 1~3）。

② 筛入 B 料所有粉类，混合均匀（图 4~5）。

③ 将融化后温热的黄油少量多次地加入面糊中，搅拌均匀（图 6~7）。

④ 完成的面糊装入裱花袋，入模八分满，放置在预热好的烤箱中层烘烤（图 8）。

🧤 **小贴士**

　　为了保留抹茶的颜色，配方中没有使用焦化黄油。金属模具会使蛋糕快速上色，金黄的烘焙色会掩盖抹茶浓郁的绿色。可以在烤制到 10 分钟蛋糕定型后，迅速取出脱模，使底面（接触模具的一面）朝上重新放回烤箱中，继续烘烤 2~3 分钟，这样就能使烤好的蛋糕仍保持抹茶的绿色。

烘焙（Baking）

180℃，上下火，中层，12 分钟

准备（Preparation）

· 模具均匀地涂抹软化的黄油，撒高粉冷藏，备用。
· B 料中的抹茶过筛一次，再混合其他所有粉类过筛。
· 黄油微波或隔水融化。

椰香费南雪

（心形费南雪 8 只）

用料（Ingredients）

A	蛋清……69 克	
	玉米糖浆……1.5 克	
	黄油……65 克	

B	低粉……28 克
	杏仁粉……25 克
	椰蓉……10 克
	细砂糖……70 克

制作方法参考 p.218"杏仁费南雪"。

无比派

（直径 3 厘米小圆饼 80 片，可制作 40 只派）

一种黑白相间的美式小点心，像蛋糕又像软曲奇，浓浓的巧克力味道与酸甜顺滑的奶酪夹心是天生一对，冷藏更加美味。

用料（Ingredients）

A
黄油……28 克
鸡蛋……1 只
细砂糖……105 克
玉米油……28 克

B
低粉……125 克
可可粉……22 克
泡打粉……6 克
盐……2 克

C
牛奶……60 克
酸奶……60 克

D | 黑巧克力……35 克

夹馅
奶油奶酪……140 克
黄油……60 克
糖粉……30 克
香草精……少许
柠檬汁……少许

- 黄油和奶油奶酪软化。
- 鸡蛋恢复室温。
- B 料粉类混合过筛。
- C 料牛奶和酸奶混合均匀。

制作步骤（Steps）

① 黄油软化，加入一半的糖搅拌均匀（图 1~2）。

② 将一只全蛋加入剩余的细砂糖打散（图3）。

③ 将玉米油和蛋液交替加入黄油中，搅拌均匀（图4~5）。

④ 黄油和蛋液、玉米油要充分混合均匀（图6）。

⑤ 黑巧克力隔40℃左右温水融化，搅拌至顺滑，冷却至微温时加入黄油中，搅拌均匀（图7~9）。

⑥ 加入一半过筛的粉类，用橡皮刮刀切拌均匀（图10）。

⑦ 加入一半牛奶酸奶混合液体，用橡皮刮刀切拌均匀（图11）。

⑧ 如此交替进行，将所有粉类和液体全部拌入，完成的面糊光滑细腻无干粉颗粒（图12）。

⑨ 将面糊装入裱花袋，用圆形裱花嘴垂直距离烤盘1厘米高度挤出，摊开的面糊直径和厚度要一致才好。中间至少有1厘米间距，因为入炉会有些许膨胀（图13）。

⑩ 用勺子或手指沾水将面糊表面的尖峰压平，入预热的烤箱中层烘烤13分钟左右，出炉立即放置在晾网上晾凉（图14）。

烘焙（Baking）

190℃，上下火，中层，13分钟

无比派夹馅

制作步骤（Steps）

① 奶油奶酪和黄油软化，加入糖粉（图
  1~2）。

② 用刮刀大至拌匀后，搅打至膨松顺滑（图
  3~4）。

③ 加少许柠檬汁和香草精继续搅拌均匀即
  可使用（图5~6）。

组装：

④ 用中号圆形裱花嘴将奶酪夹心挤在一片
  烤好的无比派壳上（图7~8）。

⑤ 用另一片派壳夹起，密封冷藏。食用前
  可撒糖粉加以装饰（图9）。

🧤 小贴士

  制作无比派非常简单，唯一需要注意的就
是挤出的派壳大小、厚薄要均匀，以确保成熟
度一致。如果没有马卡龙硅胶烤垫，可以在一
张白纸上画好图样，垫在烤纸下面做参照。全
部挤好后，记得把白纸抽出后再入炉。

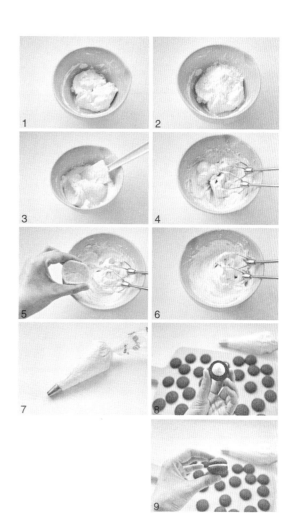

焦化黄油、巧克力、坚果，非常和谐地搭配出浓郁的味道。

巧克力费南雪

（4.7 厘米 ×9.5 厘米长条形费南雪模 5 只）

用料（Ingredients）

A
糖粉……60 克
杏仁粉……40 克
低粉……10 克
可可粉……5 克

B
蛋白……50 克
黄油……35 克
各种坚果适量

烘焙（Baking）

180℃，上下火，中层，12 分钟。

准备（Preparation）

· 模具均匀地涂抹软化的黄油，冷藏备用。
· A 料中的所有粉类分别过筛。

制作步骤（Steps）

① A 料的粉类混合筛入盆中，加入 B 料的蛋白搅拌均匀（图 1~2）。

② 黄油中小火加热至琥珀色，成焦化黄油（图 3）。

③ 将温热的黄油过滤杂质，加入面糊中（图 4）。

④ 搅拌至黄油吸收，面糊呈顺滑细腻的状态（图 5）。

⑤ 用裱花袋将面糊挤入模具至八分满，表面装饰各种坚果，入预热好的烤箱烘烤（图 6）。

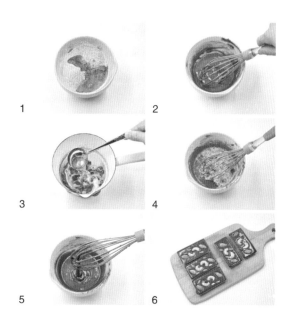

1　2
3　4
5　6

布朗尼

（12 厘米正方形烤盘）

巧克力控一定不要错过布朗尼，它结合了蛋糕的绵软和曲奇的松脆，又加入了香酥的坚果，口感浓郁又不会过于甜腻，香浓的布朗尼特别适合用来搭配红茶。

用料（Ingredients）

黑巧克力……78 克
黄油……130 克
鸡蛋……2 只
细砂糖……60 克
中筋粉……70 克
熟核桃仁……80 克

制作步骤（Steps）

① 软化后的黄油用刮刀拌至柔顺光滑，不需要打发（图 1）。

② 巧克力隔水融化，注意水温要控制在 50℃左右（不要太高），保持中火并且不要让水溢到巧克力碗里（图 2）。

③ 将融化的巧克力搅拌顺滑（图 3）。

④ 待巧克力降温到 45℃以下或微温时，拌入黄油中并搅拌均匀（图 4）。

⑤ 在巧克力黄油中加入细砂糖，搅拌均匀（图 5）。

⑥ 分 3 次加入打散的蛋液，每次都搅拌至完全吸收（图 6）。

⑦ 加入所有蛋液后，巧克力黄油糊会非常膨松湿润（图 7）。

⑧ 将中筋粉筛入，用刮刀拌匀（图 8）。

⑨ 加入切成大粒的核桃略拌（图 9）。

⑩ 完成的面糊入模，用勺子抹平表面，入预热好的烤箱烘烤（图 10）。

小贴士

准备（Preparation）

· 核桃以 155℃烤 12 分钟，至表面金黄有香气，取出晾凉，切大块。
· 黄油软化，备用。

烘焙（Baking）

180℃，上下火，19~22 分钟

* 全程使用刮刀即可。

* 做出美味布朗尼的关键是要选用高品质的巧克力。这里使用的是法芙那 70% 黑巧克力。

* 核桃仁可以替换为喜欢的任意坚果，腰果、大杏仁都很美味。

完全不会失败的一道蛋糕，也是我最喜欢的一道巧克力甜点，无论是热吃还是冷食都非常美妙，我将它存在冰箱里，每天都忍不住取出好几次抱着罐子挖几勺来吃。一定要使用高品质的巧克力来制作哦！因为它的美味全都依靠巧克力来突出。

法式巧克力蛋糕

（500 毫升耐高温玻璃瓶 1 只）

用料（Ingredients）

巧克力……120 克

黄油……80 克

牛奶……15 克

白兰地……15 克

蛋黄……2 只

细砂糖（蛋黄用）……30 克

蛋白……2 只

细砂糖（蛋白用）……30 克

低粉……20 克

* 最好使用可可含量高的巧克力来制作。

制作步骤（Steps）

① 将巧克力和黄油隔水加热融化（图 1~2）。

② 将蛋黄和细砂糖混合搅拌至发白（图 3）。

③ 将蛋黄倒入巧克力中搅拌均匀（图 4）。

④ 将微波加热至 40℃左右的牛奶和白兰地倒入巧克力中，混合均匀（图 5）。

⑤ 低粉筛入巧克力中搅拌均匀（图 6）。

⑥ 蛋白分 3 次加入细砂糖，以中低速打发至湿性发泡（图 7）。

⑦ 将打发的蛋白霜分 3 次加入巧克力面糊中，翻拌均匀（图 8~9）。

⑧ 完成的蛋糕糊入模后轻敲桌面震出内部气泡，沿着玻璃罐口围一圈宽约 8 厘米的油纸，以防止面糊膨胀时溢出（图 10）。

⑨ 在烤盘里倒入深约 2 厘米的热水，摆上罐子入炉烘烤，待蛋糕的裂缝处变得干燥时就表示成熟了（图 11）。

烘焙（Baking）

水浴法，170℃，上下火，中下层，30~40分钟

新鲜出炉的热蛋糕才最美味，柔软顺滑的巧克力流心像熔岩一样从蛋糕中间溢出，融化舌尖！

熔岩巧克力蛋糕

（125 毫升耐高温玻璃瓶 6 只）

用料（Ingredients）

A 鸡蛋……2 只
蛋黄……2 只
糖粉……60 克

B 黑巧克力……100 克
黄油……100 克

C 低粉……45 克
朗姆酒适量

烘焙（Baking）

水浴法，220℃，上下火，中层，10~12 分钟左右

制作步骤（Steps）

① B 料的黑巧克力和黄油隔水融化，搅拌顺滑（图 1~2）。

② A 料的鸡蛋、蛋黄和糖粉混合搅拌至发白（图 3）。

③ 将搅拌顺滑的蛋液倒入融化的巧克力中，混合均匀（图 4）。

④ 筛入低粉，加入朗姆酒混合均匀（图5~6）。

⑤ 将完成的面糊装入玻璃瓶，冷藏 2 小时以上。烘烤时将盖子取下，置于加入 2 厘米深热水的烤盘中，以水浴法烘烤至中间隆起时即成（图 7）。

小贴士

* 制作好的生面糊可冷冻保存两周左右，烘烤前提前恢复室温即可。

* 烤制时间要灵活把握，一般烤至中间隆起即可，烤太久会造成流心部分减少或消失，但是完全熟透的蛋糕也别有一番风味。

早安华夫

用料 (Ingredients)

鸡蛋……1 只

盐……少许

细砂糖……30 克

香草精……少许

牛奶……100 克

蜂蜜……10 克

黄油……30 克

低粉……100 克

泡打粉……3 克

玉米脆片……30 克

制作步骤 (Steps)

① 鸡蛋加细砂糖、香草精打散（图 1 ）。

② 依次加入牛奶、蜂蜜、融化的黄油搅拌均匀（图 2~4 ）。

③ 筛入低粉和泡打粉搅拌均匀（图 5 ）。

④ 加入玉米脆片混合后静置 30 分钟，装入裱花袋会更容易操作（图 6~7 ）。

⑤ 华夫机预热，薄薄地刷一层黄油防粘（图 8 ）。

⑥ 挤上面糊后用勺背推平（图 9 ）。

⑦ 盖上盖烤制，成熟后可用竹签挑起一角，取出华夫饼置晾网上，略微冷却（图 10 ）。

烘焙 (Baking)

210℃，上下火，中层，10 分钟转 200℃，5 分钟

准备 (Preparation)

·黄油融化。

·低粉、泡打粉混合过筛。

摩卡珍珠华夫

用料（Ingredients）

蛋……1 只
细砂糖……20 克
融化黄油……30 克
牛奶……100 克
咖啡酒……10 克
低粉……85 克
咖啡粉……5 克
可可粉……10 克
泡打粉……5 克
耐烘焙珍珠糖……3 大匙

制作方法同"早安华夫"

 小贴士

* 烤制华夫饼的模具可以选择硅胶的、金属的，还有就是双面加热的华夫机。不同的模具各有利弊：硅胶模具方便脱模，但是靠近硅胶的一面上色偏浅；金属华夫饼机的优点是可以灵活控制温度，缺点是要不停翻面且需要明火加热；华夫机采用双面电加热，操作上更加简便。另外，金属模具的优点是可以使两面都有漂亮的焦黄色，制作的华夫饼外酥里嫩。

* 制作好的华夫饼面糊最好静置 30 分钟，这样做可以使原料更好地融合。

* 华夫饼趁热食用最为美味，可以搭配枫糖浆、奶油香缇、水果、冰激凌等等。一次吃不完的华夫饼可冷藏保存 2~3 天，食用前微波或入烤箱加热即可恢复松软。

第十二章

冰激凌、果酱及其他

Ice Cream & Fruit Jam

香浓的巧克力冰激凌搭配各种坚果碎，味道非常棒。

巧克力冰激凌

用料（Ingredients）

蛋黄……2 只
细砂糖……30 克
牛奶……165 克
淡奶油……165 克
黑巧克力……80 克

制作步骤（Steps）

① 将黑巧克力切碎，备用（图 1）。

② 将蛋黄加入细砂糖搅拌均匀，牛奶
　 和淡奶油加热到微沸时，缓缓冲入
　 蛋黄中，一边不停搅拌（图 2）。

③ 将搅拌均匀的牛奶蛋黄糊倒回小
　 锅，边搅拌边加热，直至蛋奶糊呈
　 浓稠状，手指划过刮刀可以留下清
　 晰的痕迹时即可（图 3）。

④ 将热的牛奶蛋黄糊冲入巧克力碎
　 中，搅拌至巧克力融化（图 4）。

⑤ 将完成的冰激凌冷藏 1 小时以上（图
　 5）。

⑥ 将冷藏好的冰激凌倒入冷冻 24 小
　 时的冰激凌内桶中，开启冰激凌机
　 进行搅拌（图 6）。

⑦ 完成的冰激凌用刮刀盛装在密封盒
　 里，冷冻保存（图 7）。

小贴士

　 这里使用的巧克力可以根据喜好自由选择，可可脂含量越高的巧克力，味道越浓郁，而牛奶巧克力则相对柔和。

1　　2

3　　4

5　　6

7

最浓郁的抹茶冰激凌，惊艳的绿色，浓醇的味道，令人一试难忘。

浓醇抹茶冰激凌

用料（Ingredients）

蛋黄……3 只
细砂糖……80 克
牛奶……50 克
淡奶油……250 克
抹茶……20 克

制作步骤（Steps）

① 蛋黄加细砂糖搅拌均匀（图1）。

② 用打蛋器打发至砂糖融化，蛋黄呈绸缎般顺滑（图2）。

③ 加入牛奶搅拌均匀后，微波加热至80℃，期间每隔30秒取出搅拌一次，完成的蛋黄糊晾凉，备用（图3~4）。

④ 淡奶油略微搅拌后，筛入抹茶粉，打发至浓稠顺滑（图5~6）。

⑤ 将晾凉的蛋黄糊与抹茶奶油混合均匀，倒入冰激凌机搅拌，完成的冰激凌用密封盒冷冻保存（图7~8）。

 小贴士

将蛋黄糊以微波加热的形式进行消毒，如果使用的是无菌鸡蛋，可省去第3步（牛奶可以不加）。

重口味的榴莲冰激凌，也许只有懂得它的人才会深深痴迷。

榴莲冰激凌

用料（Ingredients）

榴莲肉……300 克
蛋黄……2 只
牛奶……250 克
细砂糖……40 克
淡奶油……250 克

制作步骤（Steps）

① 蛋黄加少许糖略打发（图 1）

② 牛奶加入剩余的细砂糖，煮至微沸，缓缓倒入蛋黄中，期间要不停搅拌以免将蛋黄烫熟（图 2）

③ 将牛奶蛋黄糊重新倒回锅中，小火边加热边搅拌直至蛋奶糊呈浓稠状，手指划过刮刀能留下清淅的痕迹（图 3）

④ 将榴莲肉用料理机打成果泥（图 4）。

⑤ 榴莲果泥和蛋黄糊混合均匀，冷藏 12 小时（图 5~6）。

⑥ 淡奶油打发后，加入冷藏的榴莲蛋黄糊混合均匀。完成的冰激凌可使用冰激凌机搅拌 30~40 分钟至膨松，装入密封盒冷冻，也可以直接冷冻并每隔半小时取出搅拌一次，重复 4~6 次达到膨松的状态，密封冷冻（图 7~9）。

树莓的酸甜清爽缠绕着香草的芬芳浓郁，不充分混合以制造出彩带般的曼妙效果。

树莓香草彩带冰激凌

用料（Ingredients）

A | 树莓果泥……130 克
  | 细砂糖……15 克

B | 蛋黄……2 只
  | 牛奶……250 克
  | 香草……1/3 支
  | 细砂糖……30 克
  | 淡奶油……250 克

制作步骤（Steps）

① 将树莓用料理机打成果泥，过筛去籽，
加入细砂糖搅拌至融化，冷藏备用（图
1~2）。

② 按照 p.243 "榴莲冰激凌"中蛋奶糊的
做法制作香草蛋黄糊。在加热牛奶前
先将香草籽混合后煮沸。制作好的蛋
黄糊冷藏，备用（图 3）。

③ 将打发的淡奶油和冷藏的蛋黄糊混合
后倒入冰激凌机搅拌，即成为香草冰
激凌。香草冰激凌制作完成后倒入盆
中，将冷藏的树莓果泥倒入并轻微混
合即可（图 4~5）。

草莓果酱

用料（Ingredients）

草莓……1000 克
砂糖……600~800 克
柠檬……1 只

 小贴士

* 做果酱时，加入的糖量根据使用水果的酸甜度调整，一般应使用
  水果重量的一半以上，不应低于 30%。因为糖在熬煮过程中有助
  于果胶的析出，糖过少的话会导致果酱很难达到凝结点，保质期
  也会相应缩短。

* 使用柠檬汁一方面可以防止果肉氧化变色，另一方面可增加风味。
  做果酱时使用新鲜柠檬榨汁和浓缩柠檬汁均可。

* 熬制果酱最好使用不锈钢锅、珐琅锅或不粘锅，不要使用铁锅。
  铁锅会使水果变色，熬煮过程要适当搅拌，防止粘锅，使用面包
  机的果酱功能也会比较省力。

* 保存果酱的瓶子和盖子都要用沸水煮过，消毒沥水后使用，装入
  果酱后再放入没过瓶顶的水中煮沸，取出后自然冷却，经过消毒
  处理的容器可以有效延长保质期。

制作步骤（Steps）

① 草莓洗净、去蒂，切小块，加入
　砂糖（图1）。

② 将砂糖拌匀，腌制半天或过夜（图
　2）。

③ 开大火将草莓连同腌渍出的汁液
　一起煮沸（图3）。

④ 中火一直煮，使草莓保持沸腾状
　态，期间不时翻拌以免煳底，至
　浓稠时关火，加入柠檬汁拌匀，
　趁热装瓶即可（图4）。

抹茶牛奶抹酱

用料（Ingredients）

A | 牛奶……50 克
　　抹茶粉……10 克

B | 牛奶……150 克
　　淡奶油……100 克
　　细砂糖……80 克

制作步骤（Steps）

① 将 A 料的抹茶粉过筛，牛奶加热至微温后与抹茶粉混合，搅拌均匀（图 1~3）。

② B 料的所有原料混合，用小锅加热，不断搅拌至浓稠（图 4）。

③ 将混合好的牛奶抹茶倒入锅中，搅拌均匀（图 5）。

④ 重新加热煮沸后关火，装入消毒的瓶中，密封保存（图 6）。

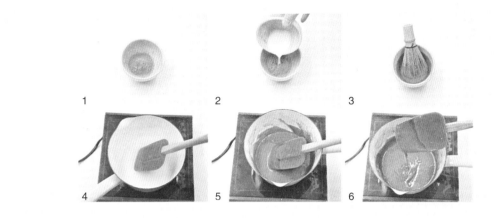

砂糖经加热至焦化后产生微苦的口感，混合淡奶油浓郁的奶香，这就是富有独特甜蜜味道的奶油焦糖酱。它制作简单，用途却极为广泛，无论是涂抹面包、用于蛋糕装饰的淋浆、搭配华夫饼、做为蛋糕的原料，还是用于花式咖啡及奶茶的调味，都会带来独特的味道。

奶油焦糖酱

用料 (Ingredients)

淡奶油……100 克
砂糖……100 克
水……15 克

制作步骤 (Steps)

① 将砂糖和水倒进锅里，小火加热，中间不要搅动，可以轻轻晃动锅子，使糖浆受热均匀（图 1）。

② 糖浆慢慢开始变成浅金黄色，继续保持小火加热。此时将淡奶油加热，备用（图 2）。

③ 继续小火加热，糖浆变成深琥珀色（图 3）。

④ 立即关火，将加热的淡奶油倒入锅中，糖浆会剧烈沸腾（图 4）。

⑤ 用木铲或耐热的硅胶铲将淡奶油和糖浆混合均匀（图 5）。

⑥ 待其降温后，密封在瓶中冷藏(图6)。

 小贴士

* 熬煮糖浆的锅不宜太小，锅底不宜太薄。锅内加入热的淡奶油后，糖浆会剧烈沸腾，容易溢出，而太薄的锅底导热太快，容易使焦糖熬煮过度。

* 凉的淡奶油会使焦糖迅速降温结块，因此一定要提前加热。可以在糖浆开始变色时微波加热，也可以明火加热，但是一定要把握与糖浆混合的时机。

* 焦糖酱的口味主要来自于砂糖焦化后产生的微苦口感，因此，糖浆熬煮不到位则风味不足，熬过头则会有焦苦味道。

糖渍金橘

每年金橘上市的时节，一定要做一些金橘蜜，用它来泡水喝或做蛋糕都非常美味。

糖渍金橘

用料（Ingredients）

金橘……1000 克
砂糖……180 克
冰糖……320 克
香草夹……1/2 支
水……800 克

制作步骤（Steps）

① 金橘洗净，切四瓣（图 1）。

② 取出香草籽和砂糖混合，加入金橘中拌匀。
　 如果有时间可腌制半天（图 2~3）。

③ 腌制好的金橘加入冰糖和水，大火煮沸（图
　 4~5）。

④ 转中火熬煮，中途不断搅拌使金橘籽脱落。
　 用漏勺将漂浮的金橘籽捞出（图 6）。

⑤ 将金橘煮至透明时即可关火，装瓶密封后
　 冷藏保存（图 7）。

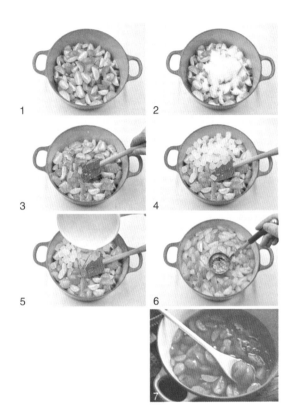

CuisinAid™

NEVER STOP IMPROVING

没有最好 | 只有更好

| 宝贝 ∨ | CuisinAid | 搜索 |

海氏官方服务号　海氏天猫旗

Hauswirt

海氏·让爱更简单
专 / 注 / 高 / 端 / 烘 / 焙 / 家 / 电

蒸烤二合一 —— 引领厨房革命

型　　号：HO-30ES

功能配置：微压蒸烤、发酵解冻功能、石英加热管
　　　　　全景式壁灯、304不锈钢内胆、双层玻璃

智能烤箱 —— 再也不用担心不会做蛋糕了

型　　号：HO-40EI

功能配置：六管加热、上下独立温控、转叉、发酵
　　　　　壁灯、立体不沾油内胆、双层玻璃门

高端多功能厨师机 —— 彻底解放您的双

型　　号：HM790

功能配置：和面、搅拌、打发、绞肉灌肠、切菜、木
　　　　　压面条、搅拌杯

嵌入式烤箱 —— 更高端更美观厨电一体化

型　　号：HO-M50

功能配置：10项循环烘烤模式、3D热风循环
　　　　　解冻发酵烘干功能、搪瓷不沾内胆
　　　　　壁灯、三层镜面热反射玻璃门